华景时代
Mandarin panorama

北京华景时代文化传媒有限公司 出品

修炼松弛感的 36件人生小事

[日] 佐佐木常夫 著

俞也 译

北京联合出版公司
Beijing United Publishing Co.,Ltd.

图书在版编目（CIP）数据

修炼松弛感的 36 件人生小事 / （日）佐佐木常夫著 ；
俞也译 . -- 北京 : 北京联合出版公司，2025. 2.
ISBN 978-7-5596-8220-8

Ⅰ . B821-49

中国国家版本馆 CIP 数据核字第 20251H8V27 号

北京市版权局著作权合同登记 图字：01-2024-3799 号
Jinseini Nayamu kiminiokuru 1gyono Toikake
Copyright © T.Sasaki 2021
All rights reserved.
First original Japanese edition published by NIPPON JITSUGYO
PUBLISHING Co., Ltd.
Chinese (in simplified character only) translation rights arranged with NIPPON
JITSUGYO PUBLISHING Co., Ltd.
through CREEK & RIVER Co., Ltd. and CREEK & RIVER SHANGHAI
Co., Ltd.

修炼松弛感的 36 件人生小事

作　　者：［日］佐佐木常夫
译　　者：俞　也
出 品 人：赵红仕
责任编辑：李艳芬
封面设计：仙　境
责任编审：赵　娜

北京联合出版公司出版
（北京市西城区德外大街 83 号楼 9 层　100088）
北京华景时代文化传媒有限公司发行
北京文昌阁彩色印刷有限责任公司印刷　　新华书店经销
字数 120 千字　　880 毫米 ×1230 毫米　　1/32　　7.75 印张
2025 年 2 月第 1 版　　2025 年 2 月第 1 次印刷
ISBN 978-7-5596-8220-8
定价：49.00 元

前言

人生之路，问题迭出，很多时候我们不知道什么是正确答案，被迫面临艰难的抉择。

更何况在如今这个"内卷时代"，困扰无尽，前人的一些经验往往不再适用，我们甚至不知道该依据怎样的标准来思考，无论是工作还是生活都充满疑惑。

在这样一个时代，我们究竟该具备怎样的能力？我想，那就是不断向自己提问，提升独立思考、找出答案的能力。

具体而言，要在"事物未必有正确答案"的前提下，针对提出的问题，凭借自己的头脑去思考、判断，从而获取自己的专属答案。

我认为，在"内卷时代"，这种"独立思考的能力"是最为迫切的需求。

社会形势变幻莫测，最为烦恼的可能还是诸位正值当年的读者朋友。

过往的很多思路和做法或许不再适用，掌握的技能和努力获得的成绩也不再让你自信。

尽管如此，该思考的问题和该做的事情依然狂风暴雨般地朝你涌来。

工作上，一边要栽培下属，一边要做出业绩。

生活中，家庭、父母、金钱……各种从未经历过的问题层出不穷。

这些都是 20 多岁时未曾遇到过的纠葛，应该有不少人会因此陷入迷茫，不知该如何应对，也不知道自己当下的做法是否妥当。

其实，我在三四十岁的时候，也曾有过相似的纠葛。

我当时 39 岁，在一个叫作东丽的公司担任科长，此时，妻子患上了肝病，反复住院治疗，需要照顾。同时，我必须照料三个孩子，其中长子患有自闭症，于是我不得不每天下午六点就下班。

为了在有限的时间做出成果，我绞尽脑汁。

"什么才是科长的本职工作？"

"怎样才能调动团队成员的积极性？"

"如何才能让自己和下属都按时上下班？"

"怎样才能做到在忙碌中保持和孩子们的沟通？"

就这样，在家里，我努力照料家人；在公司，我拼尽全力以便做出成绩。

幸运的是，后来我当上了董事。不过仅仅两年就被免职，被派去分公司。

几乎是同一时间，妻子抑郁症病情恶化，自杀未遂，徘徊在生死线上。

我不明白，自己明明那么努力，为什么还会遭受这些苦难？究竟哪里出了问题？

在出乎意料的免职和妻子自杀未遂的双重打击下，我一下子跌入了谷底。

即便遭遇了重重困难，我依然不断努力探索解决种种问题的答案。

我之所以能在任何境遇中都不自暴自弃，积极向前，是因为"我会用自问自答的形式来思考"。

具体而言，就是不断地提出问题，摸索得出答案，最终渡过难关。

鉴于我的经验，我十分推荐读者朋友们养成"自问自答"的习惯，这也是我撰写此书的初衷。

虽然本书是让大家针对书中的"问题"得出自己的答案，但为了方便大家思考，关于每个问题我都写了一个具体的烦恼作为提示。

对于这些烦恼，我会毫无保留地给出自己的答案，希望大家在看的时候能代入其中，"是啊，我也有这种感觉""原来如此，我可能就是这样吧"。

如果这些问题能让你拥有独立思考、判断、得出满意答案的能力，那我将不胜欣喜。

佐佐木常夫

2021 年 6 月

Part 1 | 如果因为工作而
感到迷茫

Part 6 | 如果你对现在的
自己抱有疑问

Part 1

如果因为工作而感到迷茫

01

总是不停地出错

你会回顾自己的失误吗？

如果在工作中不停地出错，你就会心烦意乱，自我厌恶。然而越烦就越容易出错，从而陷入恶性循环。

"我怎么总是犯蠢？""真的要讨厌自己了。"

或许你会出现如上的想法。

此时，首先要保持镇定，然后冷静地、仔细地回顾自己的每一个问题和失误。

"之所以失误，是因为当时没有好好和对方确认清楚吧。"

"要想不出差错，做这项工作时，应该预留更多的时间才是。"

像这样，认真回顾事情的来龙去脉，找出问题的原因，并思考今后具体的改正方法。如果能老老实实地照做，问题也

好、失误也罢，都会自然而然地慢慢减少。

坦白地讲，我 30 岁的时候经常因为犯错而被上司责骂。当时的上司是一个工作能力很强的人，只要我一犯错，他就会当着别人的面，毫不留情地把我大骂一顿。

（我知道自己有不对的地方，但动不动就把我贬得一文不值也于事无补啊。）

我一边这么想，一边开始停下脚步，思考究竟为什么会犯错。同时，我也在绞尽脑汁地思考如何才能避免再犯同样的错误。比如，像下面这样：

◎ 总是手忙脚乱，没有充分准备——原因是准备不足——以后开会和作报告前要多花一倍的时间来准备。

◎ 经常忘了要做的事——原因是只用脑子记——不论多小的事，都要勤记笔记，还要养成勤看笔记的好习惯。

你觉得如何？是不是在想"什么啊，就这些"。

其实，问题和失误的原因往往就存在于这些让人不屑一顾的小地方。而预防失误的具体对策几乎都是一些被认为是工作基本原则的东西，比如"预留充足的时间""反复确认"等。

总之，**要想改变"问题和失误不断"的处境，重点就在于**

重温那些容易被忽视的"社会人的基本准则"。

职场上有句耳熟能详的话，叫作"Plan，Do，See"。

即制订计划（Plan），予以执行（Do），评估结果（See）。一旦评价不及预期，出现了问题，就要思考原因和对策，并作为反面教材运用到今后的计划中。

"Plan，Do，See"可谓是工作中基本中的基本，但往往容易被大家忽视。很多人在处理工作时什么都不想，全靠临场发挥。

然而，既不制订计划，也不自我评价，不管不顾地往前冲的话，就是在浪费时间和精力，也很容易导致计划泡汤，一败涂地。

"Plan，Do，See"并非仅适用于应对重大工作。哪怕是准备会议，或是在截止日期前整理好资料等，也需要"Plan，Do，See"的精神。把这种精神渗透到身边的每一件小事里，才能养成这一良好的习惯。

而养成这一习惯之日，也就是你学会思考"该如何去做"之时。学会思考"该如何去做"，才会有接连不断收获新发现的可能。

提到如何才能做好工作，大家想到的都是各种技巧层面的东西。更为重要的是，**独立思考"该如何去做"，并发掘各自的工作"目标"**。

如果能找到目标，工作会变得格外轻松有趣，也就不会出现抱着"横竖都会犯错"的心态自暴自弃，草草了事。

"自己不行啦！""这事怪谁啦！"……有时间纠结这些问题，还不如好好想想如何才能避免出现同样的问题，思考具体对策，并落到实处。这点请大家务必牢记于心。

此外，说到社会人的基本准则，还有一点也希望大家能够记住。

那就是**"不懂就问"**。

如果被交代了从未做过的任务，或是因为工作调动而开始接触未曾涉足的领域，不懂的东西自然数不胜数。

此时，不要想着"问这种小儿科的问题太丢人了""会不会被看扁，给人添麻烦啊"，要记得主动出击，多问多学。

40多岁的时候，我时常经历工作调动。有一次被选为相关公司的重组成员，突然被丢过来一堆完全摸不着头脑的工作。

当时真的是束手无策。因为不知该从何下手，我便想着先好好请教别人吧。我甚至连该请教谁都不知道，所以只能逮着谁问谁。

多亏了这次经历，让我不再抵触"请教他人"，也学会了如何选择请教的对象和请教的方法，也就是所谓"策略性的请教"。

同时，我也认识到，如果能够认真传达自己请教的目的和想获取的信息，那么对方就能够给予回答，双方的信赖也由此产生。

"回顾并思考"也好，"不懂就问"也好，绝对都不是什么难事吧？只要想做，现在就能开始做吧？

乍一看微不足道，但日积月累就能产生巨大的能量。如果养成了好的习惯，你就有可能突破自我，成为工作能手。

这便是所谓的**"好才能不如好习惯"**。

> · 养成"回顾并思考"的习惯。
> · 践行"Plan, Do, See"。
> · 不论几岁，都要"不懂就问"。

02

工作难以顺利进行
_____

你知道吗？工作是从模仿开始的

不知为何，自己的工作效率总是很低，别人一个小时就能搞定的事，自己要花上几个小时，甚至一两天。

所以觉得自己工作能力太差。

你该不会也像上面这样想吧？

如果是的话，可就大错特错了。

工作原本就是个"杂务堆"。发邮件，打电话，做些简单的计算，整理资料……不论哪个都是重要的工作，但都不需要什么特殊的才能。

即便工作进展不顺利，也完全没必要唉声叹气，觉得"都是因为自己工作能力太差"。

不过，别人一个小时就能搞定的工作，而你要花上一两天，这确实是个问题。上司感到很头疼，你自己也很想改变吧。

那么，该如何解决这个问题呢？

关键在于重新审视自己的"工作方法"。自己究竟是如何工作的？退一步，试着从旁观者的角度来看一看。

有位编辑曾说过这样的话："好想做一本热门畅销书啊！做别人从来没做过的题材，拿下销量冠军，让周围的人刮目相看！"

然而，不管他怎么努力，别说畅销书，就连选题会都通过不了。他等来的只有一句"这种书卖不出去"，竹篮打水一场空。

此时，主编给了他一个建议："不要追求百分之百的独创，可以模仿一下那些卖得好的书，在模仿的基础上，再加入自己的元素。"

于是，他参照畅销书的套路重新做了策划，结果轻松通过了审批。那本书后来也顺利再版，最终成为热门作品。

"自己不就是在'炒冷饭'嘛，真可笑啊！"他的心中五味杂陈，但在模仿的基础上加入自己的创新元素，最终收获了梦寐以求的热门畅销书，这一点是不争的事实。

没错，相信你已经猜到我想说什么了。

要想顺利开展工作，不要从零开始单打独斗，而是要从模仿已有的优秀案例开始。一边效仿前人的做法，一边融入自己独一无二的元素就好。

我真正开始实践这一方法，是在前文提到的，被调去参与相关公司重组项目并顺利完成。回到总公司后，我被安排到新部门，所做的策划和调动前一样，于是，我开始着手整理档案室。

档案室里堆放着很多以前的文件，有关于经营和开发的会议资料，还有各种各样的项目分析报告，但都一直没人整理。面对这堆积如山的资料，我先把它们分成"要留的"和"要扔的"，再把"要留的"逐一贴好标签，并按重要程度进行分类，还做了份文件清单方便查找。

如此一来，就能快速挑选出"可供模仿的范本"。当上司吩咐我"做一份新文件"时，我就会自然想到"这个的话，套一下那份资料的模板就行了""要不借鉴一下这个分析报告的着眼点吧"，于是便能立即开展工作。

比起从零开始，这样工作快速顺畅得多。

毕竟留下的资料都是很有参考价值的优秀范本。我只需要嵌入最新的数据，再稍微加点自己的想法就行，工作效率自然很高。

其实，在那之前，我都一直坚持从零开始全部独立完成。因此做了不少多余的工作，兜了不少圈子，之后因为加入重组项目，忙得不可开交，我才渐渐意识到，"要想尽快完成工作，借鉴前人的成果，即'模仿'才是重中之重"。

当然，我也不是说什么都要去模仿别人。自己拼命思考，想出好点子也非常重要。

不过，光靠自己一个人苦思冥想终究是有限的。往往只会浪费时间，收效甚微。

要想顺利推进工作，"纯粹的创新不如高超的模仿"。大家在开始某项工作时，请务必想起这句话。

和"模仿"稍显不同的是，自己随手记下的灵光一现的想法，或业务记录等，有时也能成为宝贵的"参考典范"。

我年轻时就有记笔记的习惯，我会记下和工作相关的重要数字，或是书里读到的震撼人心的句子，抑或是工作中犯过的错误和学到的经验。之后，我会反复阅读自己的笔记，不断地加深记忆。

通过不断重复这个过程，记在脑子里的东西就会在需要时突然冒出来，给我的工作带来巨大帮助。

"确实，去年这会儿也做过一样的业务啊，那就参考一下当时的案例吧。""之前也反省过同样的问题，为了不重蹈覆辙，得好好下点功夫了。"像这样，之前的经验会对当下的工作有所帮助。

自己亲手写下的笔记，无论是当作参考，还是作为反面教材，都能让今后的自己受益匪浅。

这样的笔记，建议大家最好手写。虽然偶尔也会想要记在手机或者电脑里，但总感觉唯有写在纸上反复翻看才能印象深刻。这或许是因为动笔手写的过程中，大脑也会随之不停地思考吧。

- 不要凡事都从零开始。
- 要从模仿优秀案例入手，再加以适当改良。
- "手写笔记"有助于提升工作效率。

03

工作毫无乐趣

工作就是游戏，你能乐在其中吗？

"把业绩提上来！""多想点好方案！"

工作中，这样的"命令"总是满天飞。

每天都被压得喘不过气，游走在崩溃的边缘，觉得工作毫无乐趣，甚至可以说是一种折磨。想必有很多人都这样想吧。

然而，**工作时能够乐在其中才是最好的**。要是觉得毫无乐趣，恐怕也做不长。

那么，如何才能乐在其中呢？

我来教你一个好办法，那就是，**"把工作当成游戏"**。

举个例子，当我还是科长的时候，每年到了3月，也就是日本的年终结算期，我会召集所有下属，给他们布置一个任务。

"大家好好回顾自己过去这一年的业绩，再试着预测下一年度的业绩，并给出理由。等到明年，再来看看自己预测得准不准，给出的理由对不对。"

一年后，如果业绩和理由都猜中了，我会颁发一个"特等奖"。若是理由没什么问题，只是业绩预测得不太准确，我就会颁发一个"安慰奖"。要是业绩和理由都猜错了，那就只能垫底了。然后，我会引导没能猜中的下属好好想想问题出在哪里，并激励他们努力在下次游戏中拔得头筹。

这个游戏只要多玩几遍，即便刚开始完全猜不中，之后也能慢慢猜中。一旦猜中，不论是谁都会欢呼雀跃，然后积极投身到预算目标和修改方案的制定中。

你觉得怎么样？哪怕只是做个小小的预算，如果能像这样去操作，也会变得像游戏一样趣味无穷。

不论是提升业绩，还是拿出好方案，都绝非易事，需要你从资料中抽丝剥茧，多看多问，下足功夫。

这样的苦差事，如果还要一本正经地去做，那不管是谁都会筋疲力尽吧。

正因为充满艰辛，我们才要把它当作一场游戏，用玩乐的心态去面对。

要知道，"工作就是'预测游戏'"。

除了做预算之外，"预测游戏"还适用于其他很多场合。

比如处理人际关系。当和公司其他部门的同事或客户交换名片时，我会把对对方的第一印象写在他的名片上。例如"沉稳""敏感""话多"等，反正就是先记下最真实的感受。

如果第二次见面时对他的印象有所改变，或者从别人那里听到不一样的评价，我会再补写上去，完善我对他的印象。如"沉稳——→没想到很急躁""敏感——→但似乎很会照顾人"等。

如此一来，就能更全面立体地收集有关对方的信息。"要想和他处好关系，得这样去做""这样做的话，更能激发他的干劲吧"，诸如此类，可以设想很多与其相处融洽的方法。

如果所做的假设正中"靶心"，那真是谢天谢地，可以轻松顺利地推进工作了。就算猜偏了也没事，只要加以修正，应用到下一次的挑战中就行。如果下一次猜中了，肯定会激动地在内心大喊："Yes！这次终于猜对了！"

要想设想得够准，秘诀在于，初次见面时就给对方"下定义"。

"他也许是这样的人吧""不对，也可能是那样的人吧"，如果这般摇摆不定，对对方的第一印象就会模糊不清，也就很难做出预测。另外，如果感情用事，单纯用"好人"或"坏人"来定义对方，那就很难获得有关对方的准确信息。

首先要抛开个人情感，冷静地审视对方。然后根据初次见面时的真实感受给对方"下定义"，之后再回顾一下最初的"定义"，根据需要加以修改。

要想"在游戏中取胜"，不断重复这一过程十分重要。

或许有点玩过头了，在三四十岁的时候，每逢董事会换届，我就会来一场"董事预测"，猜猜谁会坐到什么位子上去。

就像赛马和自行车竞赛一样，先要收集候选人的信息，然后展开预测："这个位子会换成这个人吧""副社长会让那个人来当吧"。

不谦虚地说，我猜得一般都很准，也曾完美猜中过董事会所有的职位安排。有人好奇地特意跑来问我："佐佐木，你看谁有戏？"

猜中或许是因为"游戏"很有趣，加上我一直很用心地观察各个领导，其实人事预测远比想象的难得多。

有时，不论一个人能力有多强，如果不讨领导喜欢，就是升不上去。

有时，看似毫不起眼的人，因为深得人心而被提拔为董事。

有时，尽管这人完美得无懈可击，奈何时运不济，终究无法升迁。

当我看透个中微妙，各种预测都一一猜中时，我一方面觉得开心，一方面又深感人事的复杂。

话说回来，这种"预测游戏"也很适合拿来应对"合不来的上司"。

之前我就试过一次。如果遇到的上司让你觉得"这人我实在应付不来""简直八字不合"，那建议你先把个人情感放一边，用刚才介绍的方法收集对方的信息，再根据收集到的信息琢磨和他的相处之道。

如果猜中了，对方的反应和预计的一模一样，那你肯定会在心里高呼："太棒了！我赢了！"（哈哈）

像这样，因为棘手的人际关系而闷闷不乐时，可以试着用玩游戏的心态来和对方打交道。哪怕是你合不来的人，你也能轻松地与之相处。

- 试着"把工作当成游戏"。
- 通过"下定义"和"完善"来作出假设。
- 对于合不来的人，试着用"预测游戏"与其打交道。

04

接了新的工作，内心却忐忑不安

为了顺利推进工作，你能"掌握实际情况"吗？

被上司委以重任，是件可喜可贺的事情吧？

这可是锻炼自己的好机会，别说什么丧气话，打起精神，努力做出成绩吧。

话虽如此，我也理解你焦虑的心情。一想到别人对自己寄予厚望，别说打起精神，甚至会因为肩上的担子太重而却步不前。

能被委以重任，就足以说明"你很能干"。不骄不躁，用平常心去面对工作就好。

不过，"平常心"里也暗藏陷阱，一种名为"想当然"的陷阱。

例如，上司跟你说："上次交给你的那个项目，要按时完成啊。"

此时，你会不会想着"他说的项目就是那个吧""截止日期应该就是这个月底吧，在那之前准备好就行了吧"。

然而，所谓的截止日期或许并不是"月底"，而是"20日左右"，"上次交给你的那个项目"或许并非你以为的那个项目，而是另有所指。

要是没搞清楚，就会出现严重的后果："怎么还没做好？""我让你去做的不是这个，是那个！""连这点小事都做不好怎么办！"如此一来，便会失去上司对你的信任。

或许你会觉得"明明上司交代得再清楚一点就好了啊"，在职场上，上司的指令模糊不清这点可谓家常便饭。就算你认为是"上司的问题"，最终也还是会变成你自己的失误。

为了避免出现这种局面，就要提前确认清楚，比如你可以这样问："您说的那个项目是指哪个项目呢？""截止日期具体是指哪一天呢？"

"确认好实际情况，牢牢把握现实局面"，这一点不可或缺。

别看我现在这么说，年轻那会儿可没少在这上面栽跟头。

从上司那儿接到指示后，想当然地认为"肯定如此"，就不管不顾地开始干活。等全部做完交工时，才猛然意识到自己的错误，于是不得不从头再来。

吃了大亏以后，我开始认真确认指示的内容。

比如，当上司吩咐我"把××报纸上关于××的那个报道打印出来"的时候，我就会特意去确认清楚，"是有关××产品的报道吧""是××××年××月的报道吧"。

你或许会觉得"这样事无巨细地问，上司会嫌烦吧"，比起工作出错被骂，还得从头再来，是不是觉得哪怕被人嫌烦也要认真问清楚？

"这样做是理所当然的""不用说，就是这个"，工作做熟之后，很容易被这样的思维定式牵着走。俗话说，淹死的都是会水的，越是对工作驾轻就熟，就越容易掉进这种陷阱。

所以，一定要注意自己是否存在"想当然"的情况。确认自己是否掌握实际情况。要想最大限度地发挥自己的实力，做好这一点至关重要。

"掌握实际情况"并非只做一次就行，在推进工作的过程中，应该多多益善。虽然可能有点麻烦，但只要工作取得了新进展，就应该向上司或相关人员好好确认。

即便你会觉得"已经确认过一次，应该没什么问题了"，但在工作具体开展的过程中，也会出现跑偏的情况。如果能够随时确认，既向上司汇报了进展，又能避免出现失误或走冤枉路，从而提高工作效率。

然而，要想"掌握实际情况"，有时会遇到难以想象的困难。

有时，虽然你认为"这就是全部的实际情况"，其实那不过是真实情况的冰山一角罢了。

例如，上司 A 刚给你个建议，告诉你"这个是这样"，随后上司 B 却来告诉你"那不对，实际是这样"。

那么问题来了，谁说的才是正确的呢？真是令人头大。

这种情况下，通常混杂着半真半假的事实。上司 A 所说的很可能是"理想化的实际情况"，而上司 B 所说的则可能是"自以为的实际情况"。

如果不想像这样被忽悠得晕头转向，就要在平时多注意观察周围人的性格，以及他们对事物的看法和思考方式。"他这么说的依据是什么"，要像这样，多冷静地倾听并思考对方所说的话。

当然，眼见为实，如果能够亲眼确认自然最好。只不过，凡事都能亲眼确认实在困难，也不太现实。

因此，**这就要求我们培养自己的洞察力，要能明辨他人所说内容或带来的信息是否准确**。不仅要勤确认、勤检查，还要具备洞悉对方所言真伪的"火眼金睛"。

实际上，最需要"**掌握实际情况**"的人就是经营者。可以说，经营者最不可或缺的能力就是对实际情况和现实局面的把握能力。

培养诚实、能提供准确信息的下属，这是领导的最大使命。

- 认真检查自己是否存在"想当然"的情况。
- 确认不是只做一次就行，要多次确认，顺便还可以汇报进展。
- 要想掌握真实信息，"平日里的观察"十分重要。

05

工作时总是急着"什么都要赶紧做好"

"什么都要立即做",这样真的好吗?

确实，能快速完成工作再好不过了。

既不用加班，又有时间去做有意义的事情。

拖拖拉拉则有百害而无一利。此话不假。

只不过，这并不意味着要"立即去做"。

有时候应该尽量避免"立即去做，立即开工"。

为什么这么说呢？这是因为"立即去做"有时会让你走不少冤枉路，非但不能快速完工，反而会浪费很多时间和精力。

比如，当你要做一份资料发给某个人时，如果光想着赶紧做好发过去，通常都会出点差错。

本想着赶紧搞定，结果漏洞百出，"啊，这个忘记添加进去了""哎呀，这个怎么也放进去了啊"，最后不得不重做一份发给对方，又多费一番周折。这种经历，你是不是也有过呢？

要想不这么倒霉，就要在"立即去做"之前好好思考。试着停下来，认真想想有没有漏掉什么内容，或者，有没有画蛇添足的地方。

简言之，比起"立即去做"，"三思而后行"更能减少无用功，让工作变得更加高效。

前文提到"纯粹的创新不如高超的模仿"，这句话在此处同样适用。

比起"白手起家"，先想想"有没有可以借鉴的先例"，再"站在巨人的肩膀上"开始动工，这样工作会顺利得多。

虽说前期会花上一点时间思考，但这远比从零开始慢慢摸索要省时省力。

三思而后行，就能少走冤枉路，还能抄近路到达终点。

希望大家也能养成这样的习惯。

我之所以绞尽脑汁地"节省无用功"，主要是因为我的家庭。

由于妻子卧病在床，我必须下午六点准时下班，回家料理家务，照顾好三个孩子。因为客观上无法长时间工作，所以我不得不思考提高工作效率的方法。

为了能高效完成工作好按时回家，我尝试了各种办法。因此，我所在的部门基本实现了"零加班"。此前平均每个月加班近100个小时的下属们，终于能按时回家了。

然而，其中有一个下属仍然心甘情愿地加班。

我告诉他："可以收拾一下回去啦。"他却说："我还想再多干一会儿。"还反问我："明明我在做这么重要的资料，为什么科长你要让我回去呢？"

我想知道到底是多么重要的资料，便朝他的桌子看去，结果全是一些在我看来毫无必要的图表，完全可以不做。

于是，我便对他说："这个没必要的，没有要做的价值，快别做了，回去吧。"可他根本听不进去："怎么可能，这绝对有必要。"无奈之下，我只能对他说："既然如此，那你就带回家做吧。因为你做的不是分内之事，就算不上加班了。而且，做公司要求之外的事情，都不能算是工作，只能说是兴趣爱好吧。"

最后，他不情不愿地回去了。不得不说，这种工作风格实在荒谬。热爱工作固然很好，偶尔也的确需要加班，但必须分清什么该做，什么没必要做。

他有这种工作风格，我之前的那位科长也有很大责任。上一任科长很喜欢独自制作数据精细的表格，常常不惜为此加上几个小时的班。

你身边或许也有这样的同事，但这绝不是什么值得称赞的品质，大家可千万别学他们啊。

话说回来，"三思而后行"有一点值得注意。

那就是，**要好好确认"截止日期"，搞清必须在哪天之前完成工作。**

然后开始逆推，要在什么时间节点前完成什么任务，为此又需要做好哪些准备。

你有没有过这样的经历呢？工作时，截止日期也好，其他的什么也好，一概不管，"反正先做着再说"，抱着走一步看一步的心态。

要是这样，肯定会做很多无用功。光在可有可无的事情上花费时间精力，而真正重要的事情却无暇顾及，最后只能匆匆交差，结果往往不尽如人意。

说到这里，你会不会想："那就加个班，或者带回家好好做不就行了？"

那可不行。最后很有可能平白地浪费时间，没有做出成果。只有严守期限，保持紧张感，全神贯注地去做，才能收获出色的成果。

另外，**要想高效完成工作，也要有"不必凡事亲力亲为"的意识**。可以向懂行的人请教专业知识和经验，需要的话，也可以把工作外包出去。有时，比起自己来做，外包出去的性价比更高。

不用亲自出马也能搞定的部分可以偷个懒，至关重要的地方就全力以赴。

在"立即去做"之前，"有策略地制订计划"很重要。

> ·三思而后行。
> ·回头看看自己有没有做无用功。
> ·确认"截止日期"，思考有哪些"不必亲力亲为"的事情。

06

被调到不想去的部门，怎么也提不起干劲

你有"那也可以接受"的豁达
心态吗？

工作调动已经够让人心烦了，如果还是调到不想去的部门，那更是一点工作动力都没有。

你心里虽然很清楚，身为公司员工，工作调动再正常不过了，但真到那个时候，可能还是会往消极的一面去想，担心是不是因为自己"能力不足"或者"不受上司待见"等。

其实，我也有过相似的经历。

自打我进入公司以来，一直在做策划和管理相关的工作。直到有一天，上司把我叫过去，让我去营业部。那会儿，我大概四十出头。

当时我所在的公司，如果从策划和管理部门调到营业部门，基本等同于降职。回想前辈们的经历，也都给人一种"工作干不好就会被踢走"的印象。所以刚开始，我也垂头丧气，觉得自己是不是"被踢走"了。

虽然上司对我说"因为你只做过策划，所以想让你去营业部学点东西"，但我觉得他只是在安慰我，我满脑子想的都是"我被调到不想去的部门了"。

可是，整天愁眉苦脸也无济于事。于是，我重整旗鼓，告诉自己"船到桥头自然直"，干脆把自己当成新员工，抱着"从零开始学起"的决心，全身心投入到销售工作中。

两年后的某一天，我再次接到人事调动通知，这一次竟是调回之前的策划部。

没错，把我调去营业部并非降职，真的就如上司所说，是为了让我在营业部积累经验。

像这样，为了促使下属学习或积累经验的工作调动屡见不鲜。有时，也会因为考虑到员工和部门的匹配度，将其安排到其他部门，以便更好地发挥员工自身的能力。

因此，你大可不必因为"调到不想去的部门"而闷闷不乐。

借此机会，你一定能更好地提升自己的能力。

顺便提一下，两年后，我又被调去了其他部门。

我所在的东丽是一家制造以化学纤维为主的各种"素材"的公司。公司业务主要包括聚酯纤维、尼龙、丙烯酸纤维等在内的纤维领域，此外还涉足塑料等合成树脂、环境、医疗相关的新产业。

我长期供职于纤维业务的部门，之前调去营业部也是纤维事业部的内部调动，而这次却直接跳出纤维业务，被调去了塑料业务的部门。其难度比起之前有过之而无不及，可以说是"跨行"调动了。

当时真是伤透了脑筋。

毕竟之前一直在纤维业务部门工作，基本没有掌握什么塑料相关的知识。大家习以为常的专业术语，我也是一窍不通。我甚至连产品名都没怎么听过，谈话时完全跟不上大家的思路。

于是，我开始背专业术语和化学方程式。我把要背的东西，记在专门背诵单词的卡片上，上下班的路上在电车里反复看，直到牢牢记住为止。

看到这里，也许你会觉得"这么大年纪了，干吗还像考大学一样拼命"。既然去了新部门，这样的努力是必不可少的。

不要优哉游哉地觉得，"我对这些既没兴趣也不擅长，碰到的时候再记也来得及吧"，而是要多看书多学专业知识，能做的事情就痛快、勤快地去做。这样，周围的人就会认可你的干劲，觉得"那个人好拼啊"。

前面也提到过，要多向身边人请教，这一点也很重要。

我调到塑料业务部门时，职位是部长，但不论是对副部长，还是对其他下属，我都很有礼貌，遇到不懂的就虚心求教。对方是我的下属也好，比我年纪小的人也好，我都称呼"您"，恭恭敬敬地请教对方。

于是，大家基本上都会很爽快地回答我的问题。因为刚开始几乎什么都不懂，所以简直问了个遍，而大家也都亲切地为我指点迷津。我想，这大概就得益于我谦恭的态度吧。

话说，副部长和我是同一批进公司的。我和他说话时依然很客气，也会尽量避免直呼其名。哪怕我们私底下称兄道弟，当向他请教工作上的问题时，我也会注意用词礼貌，对他尊敬有加。

要想在新部门快速掌握工作要领，脚踏实地地努力自不必说，以"礼"傍身，向他人学习也很重要。

嗯？我听到有人说："去新部门就得刷存在感，装作什么都懂的样子。"

确实有这样的人，到了新环境，怕被别人看扁，就四处找优越感，不懂装懂，装腔作势。

不过，最好还是从一开始就不要这样做。因为明明没什么底气，还要虚张声势，之后露出破绽只会更尴尬。而且，刚一来就耀武扬威的人，只会招人讨厌。

当然，适度地彰显存在感也很重要。比如，稍微做一些崭露头角的事情，或者偶尔说些风趣幽默的话。我也并不是说，因为初来乍到，就得低声下气地一味顺从。

说到底，彰显存在感也要有前提。如果没有谦虚礼貌这一前提，那虚张声势也好、不懂装懂也好，都只能是枉费心机。

> · 即使是不想去的部门，也能锻炼才干。
> · 在新部门，"努力"和"谦虚"就是你的武器。
> · 唯有在"礼貌"的前提下，存在感才能开花结果。

07

工作太辛苦，自己光想着受益

你想过吗？"利人即利己"

工作并不意味着只要自己一个人获利就好。如果只考虑自己的利益，甚至不惜损害他人的利益，那可就大错特错了。任何时候都不要忘了"站在对方的角度看问题"。

要多想想让自己和对方都能获利，或者至少找到不损害对方利益的方式。这才是让你实现利益最大化的王道。

我在营业部时，曾发生过这样一件事。

当时，东丽公司负责经营渔网和鱼线的水产材料部门为了销售，每个月会派人去东京以外的地方出差一两次，一般要在当地待上三天两晚。我在调研后发现，其实并不用花费那么多时间和财力。

于是，我吩咐大家取消出差计划，取而代之的是每周在固定的日子和客户电话沟通。我想，这样不仅能为公司节省人力财力，也能帮对方减少不必要的开支。

新方案实施后，不仅节省了出差经费，还能让下属利用省下的时间去做其他工作。不仅如此，由于每月一次的出差变成每周一次的定期电话联系，随着交流机会的增加，双方的沟通变得更加顺畅，客户也非常高兴，觉得业务形式得到了改善。

在考虑自身利益的同时兼顾对方的利益，最终加深了彼此的信任。

当时客户那边的负责人，直到现在都和我保持着联系。他常会说起："那会儿每个星期都会聊很久，真的很开心啊。"像这样，不仅节省了成本和人力，还和对方建立起深厚的友谊，想到这里，我不由得深感交流在工作中的重要性。

如今，实地出差的机会越来越少，而线上交流的机会日益增多。不论从削减成本还是加强交流的角度来看，这都是一个很好的趋势。

线上的话，可以一边共享资料一边开会，这和面对面开会基本没什么区别。这么方便的东西打着灯笼也难找。

根据不同情况，有时也必须去找对方当面沟通。那就是，当我方的错误给对方添了麻烦，甚至造成损失的时候。

这种时候，必须尽快行动。不是打电话，也不是发短信，而是一定要当面道歉，必须要有这样的觉悟。

不要满不在乎地想着，"我这边又没什么损失，不用上赶着去给人道歉吧"；更不要觉得"打电话道个歉就行了"，这种轻率的想法实在太离谱。

也有人因为不想遭受损失，也不想让自己的处境变得难堪，所以随便糊弄过去，怎么也不肯道歉。这是非常愚蠢的。这不仅会让你失信于人，还可能造成更大的损失。

实不相瞒，我也曾有过重大失误，让客户蒙受了巨大损失。

刚刚也提到过，我所在的公司也经营渔网原材料的制造和销售。有一次，我不小心发错了货，把没有达到客户指定强度的原材料发给了对方。等我意识到自己的错误时，对方早已用发错的原材料生产出产品了。

于是，我立即赶到现场，送去符合要求的原材料，同时，用市场价购买了全部产品。

当然，我们损失惨重。但是，既然犯了不该犯的错误，承担相应的损失是理所当然的。在这种情况下，比起自己的利益，要优先考虑对方的利益，尽量避免让对方蒙受损失。

做错事就要低头认错，并尽力补救。利益再怎么重要，这种时候也必须更重视"道德"。

其实，那次的"损失惨重"还有后续。

因为是自己的失误导致对方公司遭受损失，所以我以为"他们社长肯定气炸了"，我也做好了心理准备，不论他怎么发火，怎么骂我，我打算都低着头老老实实地挨骂。

出乎意料的是，对方社长非但不生气，反而对我说了下面这番话。

"基本上，所有负责人遇到这种情况，都会说'没什么大问题，不用担心'，随随便便糊弄过去。他们只会拼命给自己找借口，但不会承认自己的错误，甚至连一句'对不起'都没有。而你不光立马承认了自己的失误，跟我们道了歉，还想方设法减少我们的损失。我从来没见过能做到这份儿上的公司。所以，今后我想和你们加大合作力度。"

我原本都做好了合作终止的心理准备，没想到峰回路转，对方社长竟然要把订购份额从其他公司那里匀一部分给我们。

就这样，我们公司的利益也得以增加。不想给对方造成损失的初衷，最终也给自己带来了利益。

明白了吧？所以说不能光想着利己。自己的利益固然重要，只有兼顾到对方的利益，才能促使工作顺利地开展。

> · "利己又利人"是实现利益最大化的王道。
> · 犯错就要道歉，此时，要优先考虑对方的利益。
> · 道德感有时也会给你带来好处和利益。

Part 2

如果因为职场人际关系而感到迷茫

08

上司不愿意倾听我的意见

你尊敬自己的上司吗？

你是不是和上司相处得不太融洽？

人与人的相处要看缘分，有合拍的，自然也有合不来的。所以，有时和上司沟通得不太顺利在所难免。

不过，还是尽量和上司相处融洽比较好。要尽最大的努力，想办法和上司处好关系。

毕竟，工作能否顺利进行，还要看你和上司的关系怎么样。趁着你们的关系还不算太糟糕，赶紧好好维护吧。

首先，你在希望上司为你改变之前，先要想一想，上司希望你为他做些什么，什么才是他最想要的。

你觉得上司究竟需要下属做些什么呢？一丝不苟地完成工作，还是点头哈腰地乖乖听话？

其实，上司最需要的是来自下属的"崇拜感"。他们希望得到下属的尊敬和认可。

你是不是在想，"他要是有那么大的魅力，我就不会这么痛苦了""要我崇拜他？简直天方夜谭"。

说实话，之前我也遇到过一个怎么都看不顺眼的上司。

我这个人有点不拘小节，但他是个心思细腻的人，对自己不了解的事情容易神经过敏，嫉妒心也很强。

所以，刚开始我没少和他发生冲突。他总是喋喋不休地训我，我也稍微顶撞了几次。

但是，喋喋不休也好，嫉妒心强也好，他始终都是我的上司。被他讨厌对我来说没有一点好处。于是，我开始反省，苦思冥想"怎样做才能让他高兴""如何才能让他感觉到我的尊敬"。

最终，我想到了"定期请示工作"。

首先要确认对方的日程，挑个对方空闲的日子，提前预约请示的时间，然后再找对方请示工作，寻求帮助和建议，比如"我最近想尝试一下这个工作，不知道您觉得怎么样？我很想听听您的建议"。

此时，不要光口头说，最好提前把具体的问题条理清晰地列出来，写在一张 A4 纸上，让人一目了然。

这样请示了好几次，上司渐渐地不再对我满腹牢骚了。

刚开始他可能会觉得，找他请示很烦人，当他意识到"这家伙什么都来跟我汇报，连自己心里怎么想的都会告诉我"，他对我的不满也就慢慢烟消云散了，开始渐渐信任我了。

通过"定期请示工作"，很好地传达了对上司的尊敬，从而改善了和上司的关系。

像这样，对方的态度是会因为我们的做法而改变的。只要稍微改变一下自己的做法，对方就会慢慢愿意听你说话。

与其整天抱怨上司压根儿不听你说话，不如认真思考如何才能打破僵局，这才是更为积极的做法。

没想到的是，那个上司到了新部门后又把我带了过去。之后再调到其他部门时，再次指名让我跟过去。

之后他当上了副社长，我也幸运地得到了他的提拔。

原本八字不合的上司最后竟成了自己的贵人，真是世事难料啊。

前面也提到过，工作中"换位思考"很重要。

要想做好工作、做出成绩，有时必须优先考虑对方的利益。

不论对方是怎样的人，哪怕和自己合不来，也要站在对方的角度去考虑他的需求。

全球畅销书《高效能人士的七个习惯》中，作者史蒂芬·柯维认为，能够带来成功的第五个习惯就是"要想被别人理解，首先要试着理解对方"。

换句话说，**最完美的工作模式是"双赢"**。让别人受益的同时也惠及自身。

此外，还有一点需要注意的是，**如果想和合不来的上司和平共处，就不要把对方当成"敌人"**。要把对方看作"一起工作的伙伴"，而不是"难缠的敌人"，这样的心态也很重要。

"他虽然是我讨厌的类型，好歹也是自己人""把他当成亲戚家里不讨喜的大叔就好了"，这么一想，看不顺眼的上司是不是也顺眼多了？

当然，如果你的上司会对你进行"职权骚扰"，另当别论。只要不是那样，他就很有可能在未来的某一天成为你的伙伴。

- 让上司感受到你的"尊敬"。
- 试着"定期请示工作"。
- 渴望被理解之前，先要理解对方。

09

因为身边有难对付的同事而烦恼

另类的人身上没有值得我们
学习的地方吗？

你听过"diversity"这个词吗？

翻译过来就是"多样化"，指的是一种思考方式：认同存在于性别、人种、国籍、宗教、价值观等方面的差异，让各种各样的人都能在社会或企业中发挥自己的潜能。

在日本，提起多样化，大家可能会想到"增加女性和残障人士的就业机会""重新聘用离职员工以及提供短时间工作岗位"等。

其实，多样化这个词在我们身边就有体现。

比如，坐在你旁边，让你觉得合不来的同事，如果你能予以认可，并与之共同奋斗，一起做出成果，这就是多样化的一种体现。

换句话说，"因为身边有难对付的同事而烦恼"等同于，因为无法接受多样化而烦恼，或者说，因为无法认同和自己不一样的人、不一样的价值观而烦恼。

毋庸置疑，职场上有各种各样的人。

既有和你十分投缘的人，也有不怎么合拍的人，还有完全合不来的人。

既然都说是"难对付的同事"了，那想必和你"完全合不来"吧。

你心里也明白，毕竟是同事，还是尽量处好关系比较好。可是性格合不来，工作方式也合不来。本想着发掘一下他身上的优点，可无论怎么看都净是缺点，怎么看都不顺眼。

都说多样化很重要，要想真正理解再付诸行动，哪有那么简单。你心里恐怕也会这么想吧。

对于多样化，你只能选择接受。

这是因为，努力改变自己对别人的看法也好，发掘别人身上的优点也好，这些固然重要，但和一个人合不合得来有时是天性所致。遗憾的是，天性是无法改变的。

你们的成长环境不同，想法天差地别，水火不容也是不可

避免、无可奈何的事。要接纳这个事实，并在这一前提下看待他人。

对于应付不来的人，不妨试着用这样的心态去面对。

虽说要"接纳对方"，但好像一下子也不知道该如何是好。

那我们就说得再直白一点，你可以试试这样去想："人非圣贤，孰能无过，那就算了吧。"

这并非要你摆出高高在上的姿态。

而是说人人都有缺点，都会犯错，这是没办法的事。

所以干脆就大气一点，用宽广的胸怀去接纳对方吧。

说到底，觉得别人难对付、很讨厌、难以接受、没法原谅，都是心胸狭隘的表现。无法理解自己以外的人，也可以说是缺乏想象力和思考能力的表现。

如果只能理解和自己相似的人，那可就亏大了。因为想象力和思考能力若是一直无法得到充分发挥，工作上的发展就会越来越受限。这对你而言绝非好事。

也就是说，之所以要克服觉得别人"难对付"的心理，敞开胸襟，不为别的，恰恰是为了你自己。

工作中，我们时常听到别人说"要开阔眼界，拓宽思维方式"。

换句话说，就是要张开心灵的翅膀，飞上更高的蓝天，试着鸟瞰全局。

不拘泥于一处，用更大的格局、更宽广的视野，去俯瞰一切。若能做到这一点，工作也好、人际关系也好，都会变得轻松无比。

为了克服觉得别人"难对付"的心理，还有一点希望你能注意。

那便是，**尊重那个让你觉得难对付的同事。**

你是不是在想："什么？本来就合不来，一个优点都看不到，还要我尊重他？怎么可能！"

我很理解你的心情，尊重一个和你合不来的人确实很有难度。

然而，无法尊重对方，背后有时隐藏着一种心理机制：认为对方不如自己，自己高人一等。自己在无意识中将自己和对方划分出"上下尊卑"。

心理学家阿尔弗雷德·阿德勒认为，如果用"上下关系"，也就是"纵向关系"去看待他人，人际关系就会变得糟糕。"横向"，而非"纵向"，也就是平等地看待他人，是维持良好人际关系不可或缺的法宝。

你和别人不够融洽的原因，或许就在于尚未摆脱"纵向"的视角。无法尊重对方，就是没有平等地看待对方。

趁现在重新调整一下和别人的关系吧，从"纵向"到"横向"，从"上下"到"平等"。

为了构建良好的人际关系，不论对方的年龄、职级和经历如何，都要平等地尊重他。如果能养成尊重他人的习惯，和你合不来的人自然会慢慢减少。

- 认识到多样化（即认同合不来的人）。
- 宽以待人，用更大的格局、更宽广的视野看待事物。
- 养成尊重周围所有人的习惯。

10

当上领导，却不知如何是好

你思考过自己想在公司做些什么吗？

不知如何是好的时候该怎么办呢？

没错，前面也提到过，请教别人就好。

当然，刚开始还是得靠自己好好想想。

自己具备哪些能力，擅长什么，不擅长什么？再结合过往的工作经历思考：作为领导，自己又能做些什么，发挥什么作用？像这样，好好盘点一下自己。

如果依然找不到方向，再去问问别人。比如，朋友、熟人或和你关系不错的其他领导，抑或是同事。向他们请教，自己如何才能当好这个领导。

所谓当局者迷、旁观者清，他人的意见往往一针见血。有时，别人比你自己更了解你。

当然，你也可以问问家人或亲戚。高手在民间，优秀的领导也并非仅在公司。如果身边有你认为很有领导才能的人，可以多多向他求教。

请教时不能抱着敷衍了事、可有可无的心态，流露出一种"自己其实不想当领导""也没什么干劲"的情绪。那样的话，没人会认真为你答疑解惑。

关键就在于"相信自己一定能成为好领导"的决心，以及为此积极向他人请教的心态。有了这样的决心和心态，相信不论是谁都会由衷地支持你，并给予你宝贵的建议。

嗯？我听到有人说："领导必须具备一呼百应的领袖气质。"

其实不然，领袖气质并非必需品。因为领导既不需要能言善辩，也不需要机敏过人。

哪怕不善言辞，甚至稍显迟钝，也照样能胜任领导的工作。领导一职，可谓千人千面。

事实上，有的领导属于研究派，抛头露面的事务都交由他人处理，自己则在幕后负责协调。而在有的公司，领导虽是幕前统领全局的掌舵人，但具体事务则由优秀的二把手代劳。

当然，最终决策权都掌握在领导手里。但这并不意味着领导需要事无巨细地处理所有事务。

谁都不是无所不能的超级领导，只要尽力做好分内之事，管理上做到人尽其才、才尽其用就好。

你觉得怎么样？现在是不是差不多明白领导究竟是怎么一回事了？当上领导后该如何去做，是不是也多少有些头绪了？

最理想的情况，是在真正成为领导之前就开始思考，如果有一天当上领导该如何去做。

本书最开始也提到过，我年轻时是个工作能力不强，整天挨骂的半吊子员工。

在工作逐渐上手的过程中，我终于体会到了其中的乐趣，也在不久后对领导的工作方式产生了不满，开始思考如果自己当上领导，会采用怎样的工作方法和方式。到了 35 岁左右，我甚至开始顶撞当时的上司，和他唱反调。

毕竟当时那个上司实在太爱做无用功了——无意义的指示、无意义的会议、无意义的周末加班。虽然我觉得要是没有这些，工作效率会高很多，但既然在公司上班，就不得不服从领导的指挥。

我克制住想要大声抗议的冲动，转而思考如果自己当上领导会如何作为，并把具体的想法写在本子上，"等我当上领导不要这样，而要这样"。写完总算出了一口恶气。（哈哈）

后来时来运转，我也当上了领导，便把当时所写的内容全部付诸实践，不仅纠正了一直以来被视作理所当然的加班习惯，还打造了一个让下属和我自己都能按时回家的新体制。

"在当上领导之前就开始准备"，这话听起来稍显夸张，其实只要总结一下自己理想中的工作方式，写在本子上就好。之后再慢慢更新你所写的内容，等有朝一日真的当上领导，这个本子就会成为你的"行动指南"。

最近听说越来越多的人不愿当领导，或者觉得自己当不了领导，有很多人甚至连升职考试都不愿参加。

要说原因，主要是觉得领导责任大、加班多。不仅肩上压着重重的担子，还要被迫加班到很晚，所以大家才觉得"那么辛苦，我实在做不来"。

这些其实都是某些领导不当的工作方式招致的恶果。他们当领导时的工作方式实在过于残酷，大家看到后难免会产生负面印象，觉得当领导是个苦差事。想来很多员工就是因此才望而却步。

其实当上领导后，工作会变得更加轻松。因为你就是领导，你有权决定自己的工作方式，完全可以选择不加班，确保有足够的私人时间。

既能涨工资，又能早下班，这样的好事打着灯笼也难找啊。

看看你现在的上司，是否让人觉得当领导太辛苦？这是否是因为上司的工作方式存在问题？领导要肩负的责任确实不小，但能做自己想做的事是无比快乐的。

· 问问周围人"身为领导能做些什么"。
· 不逞强，学会借力，按照自己的风格当领导。
· 提前思考"当上领导后想做的事"。

11

不管怎么提醒，下属就是屡教不改

你有耐心倾听别人的话吗？

下属不听你的话，可能有哪些原因呢？

是因为理解不了你下达的指令吗？

还是因为故意和你对着干呢？

又或是有什么不得已的隐情呢？

如果是因为理解不了你下达的指令，那很可能是因为你下达指令的内容或方式出了问题。所以，先要检查一下自己是否存在这样的情况。

你在下达指令的时候，会明确自己的要求吗？比如"在某月某日前完成 A 和 B"，再比如"参考这份资料来写，内容控制在几页纸内"。

在布置这些任务时，如果表达含混不清，就可能出现下属随心所欲地做资料，或者到了截止日期还拖拖拉拉地完不成的后果。如果任其发展，下属就会变得屡教不改。

或许你会觉得，"自己好好想想不就行了，实在不懂的话也可以来问我啊"，但原本就是因为你下达的指令不够清晰，所以下属出现失误也在所难免。有些上司在下达指令时总是模棱两可，比如"这几个要在几号左右完成"，这种表达方式是无法带来好结果的。

要想让下属按时按量地完成工作，你就不能期待你们有心有灵犀的默契，而是要把自己当成订货人，把下属当成交货人，清晰明了地下达指令。

有时，哪怕你说得再清楚，下属也会转身就忘了。

这种时候，你就要督促他把任务记在便笺上，贴在桌子上，好随时提醒自己。要想牢记于心，就得反复加深印象。

我在当上科长后，为了给下属灌输工作要领，我给他们每个人都发了一份《工作的 10 条守则》，只要有机会，我就会耳提面命一番。

下属有时也会半开玩笑地说："科长的工作 10 条又开始咯。"但也得益于此，才能让大家吃透这 10 条守则，并运用到各自的工作中去。可以说，之所以能避免加班，让大家按时下班，就是靠我不停地唠叨，反复给大家加深印象。

那么，下属不听你的话是因为就想和你对着干吗？这种情况基本是**缺乏沟通**导致的。要想知道下属对你究竟有何不满，就赶紧安排时间和他当面聊聊吧。

不过，千万注意不要开启"说教模式"，也要避免一副"期待叛逆的下属早日改邪归正"的样子。要循循善诱，让下属慢慢打开心扉，说出心里话。

为此，谈话时要"**用 20% 的时间去说，用 80% 的时间去听**"。尽量克制自己发表意见的欲望，多让对方来说。希望大家能记住一点，"**谈话重在倾听**"。

我当科长的时候经常找下属谈话。每年春秋各一次，和每个人大概会聊上两个小时。

首先，我会详细地问问他，对于目前的工作有没有什么担忧或是困惑。此外，我还会问问他对自身职责之外的一些事情的看法，比如"你觉得我们部门往后应该怎样发展比较好""你对我们公司之后的发展有什么期待"，从而尽可能全面地了解他的所思所想。

如果能认真倾听下属所说的话，对方就会在不知不觉中向你吐露心声，你也就能知道他究竟有何不满和芥蒂。

对于不满，要尽可能给出解决方案；对于误会，要真诚地解释清楚；如果明显就是对方的问题，也要委婉地提醒。

如果能像这样展开谈话，不仅能加深对彼此的理解，还能使往后的沟通更加顺畅。

另外，找下属谈话时，谈话对象的顺序也很重要。通常，大家会先找级别仅次于自己的人谈话，但正确的方式是先从最年轻的下属入手。

这是因为，年轻人往往没有心机，对人也不设防，能够毫无顾忌地畅所欲言。你既能听到"谁很受欢迎""谁不好相处"之类的人物评价，也能听到"前任科长对哪些地方不满"之类的部门内部存在的问题。

如此一来，之后在和老员工谈话时，他们会自然而然地谨慎起来，即使原本盘算着要说谁的坏话，这下也很难说出口了。

当然，大家所说的话也不能囫囵吞枣地全信。因为和每个人都谈了一遍，也就能更好地掌握部门整体和成员个人的大致情况。

最后，如果下属有不得已的隐情，这时又该怎么办呢？要想解决这个问题，恐怕就不能局限于工作范畴，而有必要适当关心一下下属的个人生活了。

有时生活中的烦恼会导致心理问题，甚至危及生命。明明大家都在一个办公室工作，对彼此的生活却一无所知，这难道不是有点太冷漠了吗？

在不冒犯他人的前提下，适当地过问一下对方的生活，向对方传递出"我很关心你"的信息。上司对下属的这种关怀是十分重要的。

- 就像"把自己当成订货人，把下属当成交货人"那样，下达指令时要清晰明了。
- 谈话时，"用20%的时间去说，用80%的时间去听"。
- 定期谈话，避免和下属缺乏沟通。

12

比起教下属做事，自己去做更省时？

你重视过下属"一年后的成长"吗？

最近，一边给下属当"经纪人"，一边自己负责各种业务，也就是所谓的"兼职经纪人"式的领导越来越多。

因为时间有限，教下属做事的时候，来不及等人学会，不得不亲自上阵办公。

由于人手不够，不得不变身"兼职经纪人"。

看着眼前堆积如山的工作，难免会想，"不放心交给下属一个人去做啊""那只有自己来做了"。

我很理解这种心情，但还是得提醒大家，**领导不该成为"兼职经纪人"**。不管下属学得是快是慢，都应该耐心教导，优先考虑让下属去完成工作。

为什么这么说呢？因为做业务原本就不属于领导的工作范

畴。领导就该专注于自己该做的工作。

那么，究竟什么才是领导该做的工作呢？

那就是，帮助下属成长，促进公司发展。

前面提到"领导有各种类型"，既有不爱抛头露面的，也有负责协调工作的。不论是哪种类型，毫无疑问都需要完成这一身为领导的使命。

当然，公司运营、牵头重大项目等是领导要做的工作。比这更重要的，是花时间关心下属，帮助下属成长。

总之，增强员工的内驱力，促进员工个人和企业整体的成长，才是领导本该发挥的作用。

如果仅仅因为"自己来做更快"就亲自上阵，无疑剥夺了下属成长的机会。换句话说，也是身为领导的失职。

教导悟性不好的下属确实很伤脑筋。不光要花很多时间，还非常考验耐心。

但是，尽力做好这件事才是领导的职责所在。

要用心栽培下属，比起"今天的成果"，更要重视下属"一年后、三年后的成长"。

请好好想一想上面这句话。

人们通常认为，"领导就是要打头阵""领导的工作无非就是比之前再多干点业务"。

事实上，成为领导，就意味着摆脱之前所做的业务，迎接来自新世界的挑战。但很多人似乎都没有意识到这一点。大家都说要"增强员工内驱力"，但具体应该怎么做，很多人似乎也不太清楚。

作为参考，大家可以看看我当科长时总结的几点科长该做的工作：

◎ 制定本部门的经营方针，检查是否贯彻到位；

◎ 掌握下属的情况，指导下属的工作；

◎ 向上级汇报本部门的情况，向部门全体人员传达公司的经营理念及目标；

◎ 积极谋求与公司内外相关人士的合作，以完成工作目标。

你觉得如何？因为举的只是科长的例子，可能稍显枯燥，不论公司大小、职位高低，领导应尽的职责基本一致。

不要觉得"自己只是一个没几个人的部门的小领导，经营方针什么的太高大上了"，经营方针是根基，打好根基，按照自己的风格，制定一份专属于你的"领导工作清单"吧。

所谓"帮助下属成长"并不仅限于花时间教导。有时，果断"放手"也很有必要。

我在担任某部门部长时，就曾有过这样的经历。

当时，某一部门有一位非常优秀的代理科长。大家都对他赞不绝口，甚至觉得"要是没了他工作就没法干了""绝对不能让他离开咱们部门"。

确实，我也觉得他是一个工作能力十分杰出的人。他总是自信满满，虽然不太能听进去周围人和上司的意见，但专业知识丰富，工作从不拖泥带水，完成度很高。总之，他几乎是个无可挑剔的员工。

于是，我问他："你有什么其他想去的部门吗？"之所以这么问，是因为我觉得他在现在的部门待的时间太久，去其他地方积累一下工作经验会更有助于他的发展。

他回答道："没有，去哪儿都行。"我又追问："去哪儿都行的意思是海外也行咯？""国外也行。"于是，我果断决定把他调到海外分公司。

他似乎没想到我是认真的，就跑来问我："我没想到真的会被调去海外，要是我走了，我们部门没问题吗？"听到他这么说，我便决定再推他一把："别担心，会有人来补位的。你确实很优秀，待在这里对部门来说是好事，但对你个人来说是坏事。你应该趁着年轻，去海外锻炼自己，培养出能在国际舞台上大显身手的本领。"

也有管理层对我的决定感到费解——"那么优秀的人，干吗把他调走？"我觉得这是管理层不该有的想法。从这句话里就窥视到他们的小心思：比起下属本人的成长，能够为我所用才更重要。

能够为己所用虽然也很重要，但请不要忘了，身为领导，培养下属，让员工和公司共同成长才是职责所在。

- 注意不要变成"兼职经纪人"。
- 领导的工作就是"培养下属"。
- 目光长远地考虑"什么有利于下属的成长"。

13

不管怎么提醒，下属依然我行我素

关键时刻，你有"断舍离"的勇气吗？

不论如何煞费苦心，都无法把下属培养成理想中的样子。不管怎么耳提面命，下属仍给周围人找麻烦，甚至产生恶劣影响。

如果你有这样的下属，那实在很令人头疼。

为了走出困境，你使出浑身解数，夸也夸了，骂也骂了，作为领导，能做的你都做了。这份辛苦，我深表理解，相信周围人也都看在眼里。

然而，真到了束手无策的时候，也不是不可以把下属"扫地出门"。

如果你判定下属毫无改进的可能，那就请当机立断，把他调去其他部门。这也是领导的重要职责之一。

因此，当你实在无计可施的时候，就去找上级谈谈，请示一下上级的意思。趁着还没有对其他下属造成恶劣影响，部门整体作风尚未败坏，尽快办理相关调职手续吧。

　　"他本质不坏，有点不忍心把他直接调走"，你或许会念及旧情而犹豫不决，此时一定不能让感性战胜理性。要知道，你的仁慈反而会阻碍其本人的成长。

　　我也曾有狠心调走下属的经历。

　　上一节也说到我把代理科长调去海外的事，但那个人工作能力很强，把他调去海外单纯是为了他的前途考虑，所以并非"扫地出门"。但下面要说到的这个下属就不太一样了。

　　这个下属工作方面还算说得过去，但极其缺乏团队精神。总是一副看不起人的样子，不仅对同事如此，甚至对客户也常常傲慢无礼。

　　不论我怎么耐心教导，他依然我行我素，毫无改进。我甚至开始担心，这样下去会给整个部门带来恶劣影响。

　　我指出他的问题，悉心教导，期待他能在我的教导下有所改变，结果却事与愿违。我也反复地提醒他，但他左耳朵进右耳朵出，没有半点反省改正的意思。那段时间，我每天都很苦恼，不知该如何是好。

就在那时，广告部传来消息，他们希望能从我们部门增派人手。天赐良机，我当即决定把那个下属调走。他如果留在我们部门，一辈子都不会进步。于是，我便把他调去了广告部。

广告部主要负责对外宣传，和客户打交道的机会不是很多。当然，他们也不会允许员工整天一副高高在上的样子，但不会像我们营业部这么重视团队合作。

所幸他调去广告部后非常适应，工作得也很开心，看来我的决定是正确的。不过，他走了之后，我们部门内部窃窃私语了好一阵子，"听说那个谁被调走了啊""佐佐木部长表面看起来和蔼可亲，没想到还挺可怕的"。

大家别误会，我先声明一下，我对下属一向一视同仁。不论对谁我都真诚相待，主动提供帮助，几乎从来不会把人调走。

但是，**如果触及我的底线，我就会毫不留情**。我绝不是那种不论别人怎么蹬鼻子上脸，都笑脸相迎的人。

如果一再忍让，下属就会轻视自己的领导，对待工作也会变得敷衍。

为了避免这种情况，平时要和下属亲如一家，但该严肃时就要严肃，偶尔也要展示自己"大义灭亲"的一面。

有的领导狠不下心来，哪怕下属无可救药，也不把他调走，而是听之任之。

他们觉得，这样的下属，再怎么鞭策也是扶不起的阿斗，但直接赶走也很麻烦，所以干脆放任自流，取而代之让能干的下属能者多劳。

然而，这种想法大错特错。**不论再怎么让优秀的下属满负荷运转，只要部门整体水平无法得到提升，就不可能取得巨大的成果。**刚开始或许还勉强能行，之后肯定会筋疲力尽，乃至停摆。

很多领导为了让工作善始善终，都会围着最能干的人转。要我说，**应该把注意力放在工作效率低下或悟性不佳的下属身上，尽力思考如何才能让他们发挥工作效力，这才是最重要的。**

工作能力差的人，往往只要稍加提点，就会进步飞速。因为得不到帮助而无法发挥出真正实力的人不在少数。

比起费心指导原本就很优秀的人，提点那些看似工作能力不佳的人，更有助于大幅提升团队的整体水平。因为他们远比你想象的更有进步空间。

企业好比军队。

让尽可能多的人体验实战，以此来强化组织，收获战果。

提升每个人的能力，排兵布阵，让人人都能找到最适合自己的岗位，从而提升效益。

各家企业的具体情况虽然有所不同，但大家都在朝着上述目标努力奋斗。

为了取得战斗的胜利，就不要浪费一兵一卒。比起"断舍离"，"变废为宝"更为理想。

- 无计可施时果断"扫地出门"。
- 平时要和蔼可亲，偶尔也要展现"不近人情"的一面。
- 思考如何从"断舍离"到"变废为宝"。

Part 3

如果因为和家人的关系而烦恼

14

工作和家庭，哪个才是第一位？

你想过吗？工作和家庭也可以两全其美

你是不是想过辞职在家，专心操持家务和育儿？

为什么会这么想呢？

因为伴侣不怎么做家务，也不怎么照顾小孩，所以你的压力太大？

或是考虑到托儿所费用高昂，还是辞掉工作，自己带孩子更省钱？

抑或是觉得"家属挣得很多，自己没必要出去工作""等孩子大一点，再出去工作也来得及"？

如果你是因为"这样经济负担更小"，或者"伴侣收入很高，自己不工作也无所谓"，那且慢，让我们来好好想一想这个问题。

的确，婴幼儿托管的费用不容小觑。因为费用太高，或是没有精力边工作边育儿，所以觉得不如辞职算了，这样想确实情有可原。

这些问题都是因为孩子还小，等孩子上了小学就不需要托管了，经济负担就会小很多。

短期来看，辞职或许很合适，但长远来看，其实损失巨大。不要局限于眼前的收入，应该考虑到未来的总收益。

日生基础研究所的一项调查结果显示：假定女性生育两个孩子，60 岁退休，若其为正式员工，休完产假、育儿假后，利用"短时间工作"等福利制度重返岗位，那么职业生涯总收入将超过 2 亿日元（约 1000 万元人民币）；若产后辞职，再以合同工身份全职工作，那么职业生涯总收入约为 9700 万日元（约 500 万元人民币）；而如果是兼职，总收入则约为 6000 万日元（约 300 万元人民币）。

是作为正式员工继续工作，还是辞职后以合同工身份全职工作或兼职，它们之间的收入差距竟如此之大。

另外，就算是非正式员工，如果休完产假、育儿假后重返岗位，职业生涯总收入也有 1.1 亿日元（约 550 万元人民币）

左右，而如果辞职后再兼职打工，则只有 4800 万日元（约 250 万元人民币）。由此可见，不论是否为正式员工，保留岗位都极其重要。

毋庸赘言，一旦辞职，要想重回职场可谓困难重重，尤其要想成为正式员工的话，更是难于上青天。因此，除非迫不得已，还是不要轻易辞职为好。

此外，经济上一直依靠伴侣的想法也不太靠谱。就算伴侣目前收入稳定，但谁也无法预测未来会怎样。说不定他会因为疾病而无法继续工作，也没准哪一天就会和你提出离婚。

认为"厄运永远不会降临到自己头上"的想法天真又危险。所以务必时刻提醒自己：绝对不要丧失"赚钱的能力"。

那么，如果伴侣对家务和育儿不太上心，让你备感压力，又该如何是好？

这种情况，不上心的恐怕都是"丈夫"这一方吧。我的话，因为妻子卧病在床，家务、育儿基本由我一手包办，说实话，看到那些男同胞只对工作鞠躬尽瘁，回到家就成了甩手掌

柜，我实在不太理解。（哈哈）

虽然"男主外、女主内"的传统思想根深蒂固，但都21世纪了，如果还不能摆脱这种思想的禁锢，坦白说，实在是迂腐。现在仍有很多男同胞认为，"做家务、带孩子都是老婆的事，自己只要帮帮忙就好"，我真想朝他们呐喊："不是帮忙！是要主动承担！"

家务本就是生存的基础，是生活中不可或缺的事情。如果意识不到这一点，觉得"工作比家务更重要""不就是做点家务嘛"，可就大错特错了。要我说，应该是"不就是上个班嘛"才对。

虽然工作也很重要，但只要能减少无用功，就没必要天天加班。和家务比起来，工作并不会更特别、更崇高。无论工作还是家务，都需要高效"整理"，从这个意义上来说，两者本质上并没有什么区别。

一般而言，男性因为很少做家务，所以也就不太擅长。明明没做什么大事，只是稍微帮了点忙，就一副"给家里做了重大贡献"的样子，让人看了就火大。

不过，女同胞们也应该努力改变丈夫的观念，好好引导，让丈夫爱上做家务。上一章里谈到如何培养下属，方法在此处同样适用。

不要因为"自己来做更快"就索性自己做，而要一边指导一边称赞，让对方在鼓励中慢慢进步。要把对方看作自己的"下属"，而非丈夫。

前面提到"不要把上司当成'敌人'，要把对方看作一起工作的伙伴"。

对待丈夫也是同理。丈夫不是敌人，而是队友、一起生活的伙伴。偶尔也可以和丈夫撒撒娇，寻求依靠。如果因为兼顾不了工作和家务而苦恼，可以告诉丈夫自己想把更多的精力投入工作中，希望能得到他的支持。就像这样，开诚布公地说出自己内心的真实想法吧。

如果不把心里话告诉对方，光是抱怨他"这也不做，那也不做"，势必会引发误会和争吵。不要放弃沟通，不要觉得对方不会理解你，而要敢于相信对方一定会理解你，这份勇气也很重要。

以前，对于女性进入职场工作，社会上一直充斥着反对的声音。受此影响，女性时常犹豫不前，即便遇到不错的机会，也会因为家务缠身而顾虑重重，迟迟不敢迈出勇敢的一步。

今后，将是女性大显身手的时代。我由衷地期待大家能拥有勇气和魄力，不再犹豫不决，努力让工作和家庭两全其美。

- 职业生涯总收入比眼前利益更重要。所以不要轻易辞职，要继续工作。
- 丈夫是"下属"，妻子的任务就是培养他做家务的能力。
- 不再抱怨，试着向伴侣表达你对工作的热情。

15

最近，和伴侣相处得不太融洽

你能说出几个对方让你敬佩的
地方？

夫妻在一起时间久了，难免出现各种各样的问题。

就像纽扣扣错了地方，两个人会变得无法愉快交流，或是干脆互不理睬。

这种状况一旦恶化，你或许就会觉得"没法儿和他过了""还不如和他离婚，自己重新开始"。

此时，**比起审视对方，最好先能审视一下自己的内心。**

回首过往，自己为什么会和这个人在一起？对方好在哪里？回顾过去的点点滴滴，想一想你和伴侣相识相伴的经过。

我想，既然当初能让你愿意与其共度一生，那对方一定有可圈可点之处，也势必有促使你决定与其喜结连理的原因。

先把当下的不安和烦闷暂时搁到一边，试着想想对方的优点，把你能想到的全部写在笔记本或手账里。

怎么样？对方的优点，你列出了几个？

当你重新看到这些优点时，对方身上那些让你厌烦的缺点是不是也显得微不足道了？你是不是觉得"有点小毛病也很正常"？

毕竟人无完人，一起生活就要放大对方的优点，忽略对方的缺点。如果能养成这样的习惯，对伴侣的不满就会逐渐减少，自然而然就能接纳对方了。

别看我现在说得头头是道，之前也差点和妻子分道扬镳。妻子甚至对我说过"我们不合适，我想过离婚"。

现在想来，那时完全是因为工作太忙而导致双方缺乏沟通。当时，我也会觉得，虽说自己也有做得不到位的地方，但我一个人要做两个人的事，家务也好，育儿也好，我都尽心尽力，她还有什么不满意的呢？

但是，妻子也有自己的苦衷，因为抑郁症的折磨，家务和育儿都无法得心应手，这让她十分痛苦。我之所以和她在一起，不就是因为喜欢她这股较真的劲儿吗？这么一想，我便开始和妻子开诚布公地交谈，努力尝试去理解她。

前面也提到过，"要想被别人理解，首先要试着理解对方"。多亏了史蒂芬·柯维在《高效能人士的七个习惯》中的教诲，让我逃过离婚一劫。

所以，你也试试吧，按照柯维的教导，试着去理解对方，重新发掘对方身上的闪光点。

然后，请找一找对方让你敬佩的地方。前面在"如何处理和难对付的同事的关系"中提到过一样的方法。可能你会觉得"怎么又是这一套"（哈哈），在与伴侣相处的过程中，这一点尤为重要。坦白说，甚至比爱情更为重要。

因为，爱情终究会归于平淡，但敬佩之情不会消失。"这人虽然很讨厌，但这一点确实了不起"，对方身上也一定有这样的地方吧？

就我而言，妻子在生病之前，做饭、洗衣、打扫卫生，样样无可挑剔。新婚燕尔的时候，每天回到家，家里总是打扫得一尘不染，餐桌上也会摆满精致可口的饭菜。

换作是我，根本做不到这样。虽说妻子生病后，我也代替她做饭，但要让孩子们来评价的话，"爸爸做的饭就是饲料"。（哈哈）当然，说归说，孩子们还是会开心地吃完。在做饭这件事上，妻子的手艺确实让我望尘莫及。对我而言，妻子料理家务的本领就是值得我敬佩的地方。

你觉得怎么样？像这样细细回想，还真能想出不少对方让我们敬佩的地方吧。哪怕不是多大的优点，也一定有让你觉得"好厉害""比不上"的地方吧。

相反，若是不论怎么苦思冥想，都想不出值得你敬佩的地方，那只能遗憾地告诉你，这场婚姻本身或许就是个错误。

我可不是随便说说哦。应该好好想想这个问题。如果你已经完全看不到对方身上的优点，也找不到值得你敬佩的地方，那我觉得倒也不必勉强在一起。

当然，前提是必须认真考虑清楚。要深思熟虑，和对方面对面，开诚布公地谈一谈。尽量抛开情绪和成见，拼命思考如何才能修复这段关系。必要时，也可以向信得过的局外人寻求建议和帮助。

然而，有些夫妻并没有尝试过这些努力，只觉得"讨厌就是讨厌""反正也不会让步"，冲动之下就选择了离婚；也有的夫妻不愿坦诚相待，维持着貌合神离的关系。在我看来，这些都是因为方法不对，没有尽力。

即使最终依然分道扬镳，在此之前也应该努力尝试一切办法，做到不留遗憾。

最后，还是我反复强调的一句话，在和对方交流时，要注意"用 20% 的时间去说，用 80% 的时间去听"。稍微克制一下，不要总是"我我我"，多去倾听对方的想法。只要你给予足够的耐心，对方自然就会愿意来倾听你的想法。

夫妻也好、职场也罢，引导谈话走向成功的秘诀是一样的。若是不信，就请立即试一试，看看是否有助于修复你和伴侣的关系。

- 回想一下，当初伴侣身上什么样的优点让你决定和对方在一起。
- 试着写出对方让你敬佩的地方。
- 和伴侣的交流也要"用20%的时间去说，用80%的时间去听"。

16

工作和家庭都让你身心俱疲

你准备好自己的"退路"了吗？

我知道你真的很努力了。

对于工作和家庭，你都全力以赴了。如果你觉得已经筋疲力尽，那就请个假，家务和育儿也找个人来帮你做就好。

现如今，家务方面有家政服务；育儿方面，如果觉得疲惫不堪，也可以去咨询政府的福祉部门和育儿支援部门。

前面提到过，工作尽量不要辞掉，而是选择停薪留职的方式。可以先和上司说明情况，申请休假，必要时可以去医院看一看。如果上司不好说话，也可以直接找行政和人事相关人员商量。

不必觉得"会给别人添麻烦"。工作会有人替你做的。大家应该都很清楚你有多么努力，所以没人会责怪你的。

责任感固然重要，但你的身体才是第一位的。**工作虽然重要，但也仅仅是个工作而已。这世上没有比人命更重要的工作。**

工作是我的最爱。为了达成目标，说我是拼命三郎也不为过。所以，对于那些竭尽全力工作的人，其实我很想告诉他们："不要放弃，拼搏到底。"

如果努力到了极限，那就不必再努力了。当你感到"已经不行了"的时候，也可以选择"逃避"。在感到自己到了极限的时候，当机立断地和工作划清界限也很重要。

对待家庭也是一样。如果带孩子太累，可以考虑暂时和孩子分开一段时间，找人帮忙照顾。如果伴侣是那个让你身心俱疲的人，分开可能更好。

前面也说过，如果你觉得这段关系已经到了无可救药的地步，分开也很好。当然，能不分开最好还是不要分开，如果实在过不下去也没办法。毕竟人生没有所谓的"标准答案"。

之前，我在演讲中提到工作和家庭时说过一句话——"要学会接受命运的安排"。于是，有位女士在演讲结束后对我说："我丈夫对这个家不管不顾，非常自私，从不体谅我，不管我怎么说都没用。哪怕是这样，我也要把这当成自己的命运来接受吗？"

我回答道："如果对方这么过分，分开也很好。我让大家接受命运的安排，也是分情况的，并不是让大家无论如何都得在一起。"

所谓接受命运的安排，并非一味地忍气吞声。一定的忍耐固然重要，必要时，也要放弃忍耐，另寻他法。

工作也好，家庭也好，都要提前准备好一条"退路"。

对于闭门不出或拒绝上课的孩子而言，这个道理同样也适用。

一旦孩子不愿上学，或整天把自己关在房间里，父母总会想方设法让孩子走出来。其中，也会有父母又骂又哄，拼命鞭策孩子，让孩子"加把劲"。

然而，这在我看来实在过于残忍。孩子或许早就最大限度地努力过了，就是因为努力了也没用，所以才选择闭门不出或拒绝上学，这是他们的"退路"。

如果连父母都没能意识到这一点，只顾着让孩子"加把劲"，孩子只会越来越不愿出门，甚至精神崩溃。

我的大儿子在小学时遭受过校园霸凌。因为他患有自闭症，和其他孩子不太一样，所以我觉得他是因为这个才受人欺负的。

于是，我对他的班主任说："如果大家能理解这种心理障碍，一定不会再欺负他。我希望你能让我在班级和大家说一说我儿子的事情。"然而，班主任以没有先例为由拒绝了我的请求。

左思右想，我决定邀请全班同学来家里做客，直接当面和大家说。到了那天，我动之以情、晓之以理地告诉大家："我儿子存在一些心理障碍，全世界有很多像他一样的人，帮助他们就是你们的责任。"

渐渐地，大儿子不再受人欺负了。这多亏了几个孩子主动帮忙劝阻，而这几个孩子正是之前旁观他受欺负的人。所以，只要真诚地和大家交谈，就算是小孩也能理解并付诸行动。

能做到这样的父母恐怕少之又少，我自己也并非没有犹豫过。因为"学校已经保护不了我的孩子了""作为父母，就该不惜一切代价保护自己的孩子"，所以我无路可退，只能另谋他路。

最后，**请大家务必保证充足的睡眠。**

我年轻时，忘我地投入工作、家务和育儿。每天清晨 5 点起床，给孩子们做好早饭和便当，然后去公司上班。尽心尽力地工作到下午 6 点，下班回到家就开始做晚饭、照顾孩子们。现在回想起来，连我自己都佩服自己。

所幸当时从未觉得精力不够，我想，大概是因为我每天都保证了充足的睡眠。

每天尽量睡够七个小时，用充足的睡眠来放松身心吧。

- 疲惫时，面对工作和家庭都要"请假"。
- 世上没有"标准答案"，要准备好自己的"退路"。
- 保证充足的睡眠，每天尽量睡够七个小时。

17

家人总是给你找麻烦，真的很让人烦心

你会因为和家人太过亲近而轻视他们吗？

家人之间有时会产生比工作更棘手的问题。

比如，伴侣花钱大手大脚，孩子不爱学习，父母总是命令自己做这做那。

即便你想着为他们好，给他们提点建议，他们也充耳不闻。要是话说重了，更会招致他们的反感，甚至和你闹别扭。就算为了家人鞠躬尽瘁，也得不到一句感谢，反而抱怨连连。

如果置身于这样的环境，很容易积攒压力，觉得："啊啊，烦死了！""凭什么我要被这样对待！"

不过，我并不建议大家因为怕麻烦就做起甩手掌柜，对家人不闻不问。

当然，若是无关紧要的小事，随便敷衍几句倒也无妨。如果涉及金钱或心理健康，置之不理就会演变成大麻烦，这类问题还是尽早处理为好。

因为一旦"小麻烦"发展为"大麻烦"，就有可能导致家庭分崩离析，更别提什么工作了。

那么，我们应当如何解决这些麻烦呢？

首先，我希望你可以试着**"不把家人当家人"**，而是把家人当成"外人"，或者说当成一个独立的个体来看待。不再是"丈夫（妻子）""孩子""父母"，而是"一个与你平等的个体"。

阿德勒认为"人际交往中很重要的一点就是横向而非纵向地去看待他人"，这一点在家庭内部同样适用。

如果能像这样看待家人，就可以拉开和家人的距离，把对方看作独立的个体而非家人，也就不会理所当然地认为家人就该如何如何。

在亲属关系中，往往很难做到如此客观地看待问题。一旦觉得"都是一家人嘛"，就会不加限制地要求对方做他们不喜欢做的事。

在这种思维模式下，不论你如何倾诉，都很难向对方传达出自己真正想表达的内容。

要想让对方听进你的话并做出改变，就必须以"平等"为前提，不夹带一丝多余的情感，从某种程度上来说，要像对待"外人"一样对待家人。

好好想想这番话。不要觉得"我又在给家里人收拾烂摊子"，而要考虑**"自己应该如何应对这个人的问题"**，试着跳出来，切换到有距离感的思考模式。

另外，**谈话时也要尽量确保充足的时间。**不要在做家务时见缝插针地随便聊上几句，而要郑重其事地找对方谈一谈。地点不见得非得在家里，也可以去家庭餐厅或是咖啡店。

你可能会说："欸？这不和找下属谈话一个样吗？""对家人也要用工作上的那一套吗？"还是那句话，对待家人和对待下属是一个道理，都必须从用心倾听对方的意见开始。

起初对方或许会很不耐烦。虽然你在平等地看待他们，但对方未必也平等地对待你，因此你可能会感到愤怒和厌烦。

只要你坚定不移地平等相待，对方就一定能感受到你的真诚。如果能把对方看作"一个独立的个体"，温和平静地表达你的想法，那么对方也会慢慢向你吐露真心，说不定就能找到解决问题的突破口。

遗憾的是，不论如何平等真诚地相待，总有些问题无法解决。

除了患有自闭症的长子之外，我还有一个女儿和一个小儿子。我对他们向来平等，不会因为自己是父亲就居高临下，而是把他们看成平等的个体。或许也是得益于此，女儿和小儿子都从未和我发生过争吵。

即便如此，还是出现了问题。

小儿子花了整整七年才从大学毕业，毕业后也没找到正式工作，而是打打零工。后来好不容易找到了正式工作，没过多久就辞职了，又重新回到不稳定的生活。我因此担忧不已。

我努力克制自己不去唠叨，尽量尊重他的想法。我相信小儿子一定有他自己的考量，所以不会过分干涉他，实在看不下去的时候，也会试着和他聊一聊，让他理解我的担忧。

可是，情况并没有好转，小儿子一直过着不稳定的生活，后来甚至到了需要向我要钱的地步。这下我就坐不住了，开始忐忑不安，担心他会误入歧途。

即便如此，我依然没有抱怨一句，或大发雷霆。因为事情变成这样，我也有责任。毕竟我之前工作太忙了，或许正是由于我的缘故，才造成了小儿子如今的处境。我在心里这样宽慰自己，一边纠结，一边静候他的成长。

皇天不负有心人，小儿子终于重整旗鼓，不久便做起了生意。生意经营得当，之后也顺利结婚生子。后来他给我写了封感谢信，还附上了一张财务清单，上面记着我给他的每一笔钱，说会把这些钱都还给我。

虽然我从未想过让他还这些钱，但这一行动让我深受感动。即便是和父母借的东西也要归还。在作为父母和孩子之前，我们彼此首先是独立的个体。小儿子终于学会了平等待人，这让我由衷地感到自豪。

家人是携手走过漫长岁月的旅伴。不要因为太过亲近而轻视彼此，正因为亲密无间，才更要互相尊重。对待家庭问题，应当有这般心态。

· 家人也是"外人"，试着把家人看作"独立的个体"。
· 用工作中与人沟通的要领来和家人交谈。
· 总会有难以解决的问题。不必焦虑，耐心等待就好。

18

和父母一直合不来，让人很心累

你会不会对父母抱有过高的
期待？

职场也好、家庭也罢，人际交往的基本原则就是平等。平等待人，而非居高临下。这一点我已强调多次，但你的父母或许并没有意识到这一点。

父母或是把你当成孩子，发号施令让你感到压迫；又或是瞧不起你，否定你的所作所为。

和父母合不来的理由因人而异，若要追溯其根本原因，恐怕这就是症结所在。

我十分理解你厌烦的心情。如果不论你多大了，父母都是一副高高在上的姿态，毫无顾忌地想说什么就说什么，那你不愿见到他们实在是再正常不过了。

只不过，父母其实并没有恶意。"父命子从，天经地义""和孩子说话不用顾忌"，他们对此深信不疑。因为缺乏相关知识，他们不明白亲子关系的要义。要我说，他们正是因为不懂才会犯错。

人非圣贤，不知之过也实属无奈。如果意识到这是父母的无心之过，你心里会不会好受一些？

对于忍受父母不合理行为的你来说，一句"不过是无心之过，你就原谅他们吧"，恐怕很难让你接受。

然而，父母也只是普通人，是人就会犯错，也会有很多不懂的事。

不如换个思路，宽容一些，试着去想"父母在身为父母之前，首先是一个普通人""他们这样是因为不懂，我就原谅他们吧"。

当你努力原谅他人时，就一定会获得成长。长达数十年的积怨，要想冰释前嫌绝非易事，若能做到，往后与父母的相处会变得相当轻松。

话虽如此，要想把父母当成普通的个体来看待，难度可不小，恐怕要比把自己的孩子当成普通的个体来看更具挑战性。毕竟，从小到大长达数十年的岁月里，在我们的心中，"父母＝

比自己地位更高的人"，要想改变这一认知需要花费一番功夫。

在把父母当成父母之前，首先把他们看作"独立的个体"，这样会收获意想不到的好处。"父母和孩子之间保持距离"看似不太好，但事实恰恰相反。

其实，我在把母亲当成母亲之前，首先会将她当作"一位女士"。我们一直相处得很融洽，她于我而言，比起母亲的身份，更像是一位亲密的女性朋友，可以无话不谈，如此一来，我们之间的关系反而比以前更加亲密。

由于父亲早逝，母亲一个人含辛茹苦地将我们兄弟四人抚养长大。因此，我们都发自内心地钦佩、敬重母亲。

不知为何，兄弟四人当中，只有我意识到"母亲在身为母亲之前，首先是一位女性"。

初中时，我曾问母亲："妈妈，有没有遇到过合适的对象啊？要是遇到了就再婚吧。"母亲听到后有些吃惊："你这孩子，跟大人胡说些什么呢！"

然而，母亲似乎并不反感，还和我开心地聊起初恋的故事，以及她和初恋情人阔别多年后又重逢的往事。母亲的罗曼史什么的，估计没几个儿子愿意听吧。（哈哈）

Part 3　如果因为和家人的关系而烦恼

实际上，后来母亲提出再婚的想法时，除我之外，其余三人都极力反对。明明不是小孩子了，还一脸"妈妈要嫁给别的男人了"的难过样子。于是，我对他们说道："母亲在身为母亲之前，首先是一位女性。她有权利追求身为女性的幸福。虽然我们是她的孩子，但也无权阻拦。"

最终，大家被我说服，母亲也顺利再婚。继父人品很好，兄弟几人也都十分满意。正因为能够将母亲看作一位女性，我们家才得以迎来美满的结局。

一旦觉得别人"比自己年轻""经验尚浅"，就很容易看轻对方，会觉得对方"因为年轻，所以什么都不懂""因为没经验，所以能力不足"。

而父母常对孩子说的"你懂什么""小孩子说什么大话"，可以说是最为典型的例子。

然而，我们绝不能轻易断言别人"年轻就什么都不懂""没经验就意味着没能力"。**和年纪大小无关，有时年纪轻的比年纪大的更睿智，有时孩子比父母更优秀。**不论在职场还是家庭中，都请记住这一点。

我不知道你的父母能不能理解这一点。

如果你自己能够理解并付诸实践，那么你和父母的关系一定会大有改善。至少你对父母的看法会发生翻天覆地的变化。

这是因为，只要你意识到"虽然自己能理解，但父母无法理解""年纪不大的自己能明白的事，身为长辈的父母却不能明白"，你就会自然而然地想到"哪怕活了大半辈子也会有不懂的事啊""父母也是人，人非圣贤，孰能无过呢"。

改善亲子关系自然需要投入大量的时间，只要找到了突破口，就会水到渠成。虽然过程中也会有磕磕绊绊，让你烦躁不安，但比一直和父母保持敌对状态要好得多。

> · 把父母当成父母之前将他们看作"一个平等的个体"。
> · 要想和父母相处融洽，就要保持一定的距离，平等相待。
> · 不再想当然地认为"父母就该这样""孩子就该那样"。

19

家庭氛围很差，已经不再奢望能够改善

你给家人写过信吗？

你和家人的沟通似乎不是很顺利啊。

如我刚才所言，可以的话，最好创造交谈的契机；如果无法做到，甚至没有一个适合交谈的家庭氛围，那么写信或许是个不错的选择。

我也常给家人写信，甚至曾以祈求的心情写过一封信，收信人是和我一起撑起这个家的长女，而她当时自杀未遂。

得知她自杀的消息时，我无比震惊。

或许是因为长女承担的家庭负担太重，也或许是我这个做父亲的对她的关心不够。我的心中充满担忧和自责，如果直截了当地说出来，反而会增添她的心理负担，于是，我决定写信告诉她，她对我而言有多么重要。

"迄今为止，这是爸爸人生中最受打击的一件事。我好庆幸你能得救。我很爱你，比这世上任何一个人都要爱你。只要是你想要的人生，我会不惜一切代价支持你。"

我写下这些，把信交给女儿。

所幸之后女儿再也没有自杀过，她恢复了往日的活力，一如既往地支持着忙碌的我和生病的母亲。

可能女儿也有想对我说的话，但我从未逼问过她为何自杀，因为我觉得，如果本人不愿说，刨根问底是毫无意义的。

很多年后我才得知，原来女儿一直把那封信夹在手账里，时常带在身边。其实当时因为匆忙，我是在公司随手拿了张不要的资料写的。信写在资料的背面，字迹也很潦草，女儿却视若珍宝。

当年女儿试图自杀的时候，究竟在想些什么，我至今也不清楚。但那封信毫无疑问成了女儿的心灵港湾。信上所写的文字超越了口中的千言万语，将我和女儿的心紧紧相连。

虽说邮件和信有着相似的作用，**但在向心中无可替代的人表达重要的心意时，写信无疑是更好的选择。**

其实，我们家一直都有互相写信的习惯。

起因是我被调去外地工作，当时，我经常给家里写信，也曾多次收到正在上中学的孩子们写给我的回信，多亏了妻子督促他们给我回信。

信中都是一些琐碎的日常。长子会和我分享最近在书里读到的内容，女儿和小儿子会向我汇报近况，比如"考试没考好啊"等。小儿子还曾在信中天真无邪地问我会送他什么圣诞礼物。

那时还没有社交软件和邮件，所以也只能写写信，不过，亲笔写在纸上再寄给对方的过程的确更能让你感到彼此的亲近。这或许是因为写信比发邮件更费工夫，所以也就倾注了更多的心血。

当我因为工作忙到筋疲力竭时，孩子们的信给了我莫大的安慰，现在回想起来依然会热泪盈眶。

所以，请你也一定要试试给家人写封信，和家人用书信交换彼此的心意。也不是必须分隔两地才能写信，生日或纪念日里送上一封手写信就很有意义。

特殊的日子里，平时难以启齿的话语也变得易于表达。我们常常在婚礼上看到新郎新娘朗读写给父母的感谢信，那些话放在平常往往羞于启齿，正是因为有了"读信"的形式，才有了说出口的机会。

或许有点跑题，我想说的是，用语言表达自己的心情和想法十分重要。

孩子们过生日的时候，我总会让他们做个"五分钟的演讲"。因为是值得纪念的日子，我会鼓励他们谈谈自己的理想和抱负。

当然，刚开始孩子们都还小，嘻嘻哈哈地说不出个所以然。就算说出来了，也说不到一分钟。每年生日和各种纪念日都来上一回，他们也就慢慢变得健谈起来。因为他们会下足功夫，变得能说会道。

这样的锻炼不仅提升了孩子们表达自身感受的能力，也让彼此更能理解对方想表达的意思，不再因为搞不明白对方的想法而困惑。

如果想改善家庭氛围，创造彼此能够推心置腹的良好关系，那就不要想当然地认为"都是一家人，不用说也能明白"，而是要养成好好沟通的习惯。

像这样，创造契机，多多交流，家人之间的关系就会自然而然地变得亲近。就算刚开始流于形式，只要坚持下去，就会变成家庭的习惯。"自己的心情就是要有仪式感地表达出来""这就是我们家的规矩"，这样的习惯便会在每一位家庭成员的心中根深蒂固。

如此一来，即使某天陷入进退两难的窘境，也会自然地想到"那就写封信吧"。

当然，最理想的状态是：即便没什么特殊情况，平时家人之间也会用书信交流。只不过，工作一旦忙起来，确实很难顾得上写信。

因此，要从这种形式开始，养成习惯。只要养成习惯，羞于启齿的话语也能出乎意料地轻松表达。

- 难以启齿的重要事情，用书信而非邮件来表达。
- 养成每年生日和纪念日给家人写信的习惯。
- 和家人一起练习"五分钟的演讲"，学习如何表达心情。

Part 4

如果因为金钱而烦恼

一不留神就花了钱

你考虑过哪里该花钱，哪里不该花钱吗？

健康和金钱是人生的两大要素，没了或少了都很麻烦。

然而，不论哪个都太过近在咫尺，以至于人们很难意识到它们的宝贵。很多人即便有重视的打算，最后也往往不了了之。

就健康而言，有时不论再怎么重视还是会出问题。不管怎么小心谨慎，还是会生病。因此，从某种角度来说，只能听天由命。

但是，钱可不一样。

只要没有特殊情况，一般不会少到危及生命安全的地步。虽然也有一部分钱花得身不由己，但只要平时稍加注意，就能确保维持生计的最低金额。

如果长期缺钱，为生计发愁，只能说明你缺少理财意识。那就得从零开始，认真地思考一下花钱这回事。

当然，对于"一不留神就花了钱"的人来说，更要提高警惕。

如果任其发展，很容易引发各种问题。所以，就从现在开始，彻底加强理财意识，改善"一不留神就花了钱"的状况吧。

首先，我希望大家记住**"量入为出"**一词。

准确掌握收入情况，并制订与之相符的计划。这是源自儒家经典《礼记》中的理财智慧。

赚来的钱自然有限。不论收入高低，首先要准确掌握具体金额，再制订与之相匹配的支出计划。如果无法将支出控制在收入范围内，就要想方设法节省开支。

简言之，重点在于"生活水平要和收入水平相匹配"。

"这么理所当然的事情，不用你说我也知道。"

"我也在记账，过得也不奢侈，本来就打算过符合收入水平的生活。"

然而，果真如此吗？你翻看过自己的记账本吗？会不会其实一边说着要量入为出、不能奢侈，一边只要看到想要的东西，就会心想"反正也不贵"，忍不住买下来呢？

恕我直言，如果不能定期翻看记账本，确认是否按计划支出，并确保支出小于收入，那么记账就毫无意义。哪怕只买廉价的东西，只要支出大于收入，就是一种奢侈。

如何？这样一想，所谓"量入为出"，看似简单，实则并非易事。

你首先要做的就是养成这样的习惯。花钱时，切记不要被"消费欲"所支配，而要在"收入"范围内合理支出。

另外，还有一点希望大家尝试，那就是用心思考"**对自己而言，重要的是什么**"。什么地方该花钱，什么地方不该花钱，心中要有一杆秤。

过与收入相称的生活固然重要，但并不意味着凡事都得节约克制。当花则花，当省则省。**用钱方面，"选择与集中"十分重要**。

比如，我三十来岁的时候，在当时的工作所在地大阪，贷款建了套房子。当时月薪还很低，也没有多少积蓄，由于妻子的娘家极力推荐，我便买了她娘家的地，拿来盖了房子。现在想想，实属冲动消费了。

为此，我拿出前所未有的认真劲儿对待家庭开销，制订了还贷计划。岳父认为我的计划太离谱，但我还是奔着完成计划的目标，能省则省。

例如，还贷期间，我们全家一次也没有下过馆子，也没有旅行过。奢侈品更是绝对不碰。或许会让家人觉得日子过得紧巴巴，正是在这样的努力下，如期还清了全部贷款。

正是因为把钱集中于"还贷"上，其他方面最大限度地节省，我才能在 45 岁左右拥有自己的房子。

当然，把钱集中花在何处，因人而异。若是觉得和家人出游很重要，那集中在家庭旅行上就好；要是把孩子的教育放在第一位，那集中在教育方面就好。

我曾说过"时间管理的要义在于计划和效率"，金钱的使用也是一样。先要制订计划，规划好把钱花在哪儿、怎么花，然后便是遵照计划，高效执行。

此外，对待金钱不能只顾眼前利益，还要考虑到五年后，乃至十年后的长期效益。

不能光考虑如何省钱，还要考虑到将来，思考如何增加收入。当然，风险大的投资应当规避，要在脚踏实地的前提下，稍微大胆地思考一下如何管理资产。

实际上，由于工作调动，我那会儿建的房子没住几天就租给了别人，然后举家搬到了东京。

当时也不是没想过，"好不容易建的新房子，真是可惜"，结果是，租房的收入后来补贴了家用。现如今，房租依然是一笔稳定的收入，极大地缓解了家庭开支的压力。

这多亏了我以"量入为出"为原则，坚持"选择与集中"的花钱策略。

- 花钱要贯彻"量入为出"的原则。
- 明确何为要事，以"选择与集中"为指导，制订预算计划。
- 不局限于眼前，思考五年后，乃至十年后的长期效益。

21

如何让赚来的钱高效服务你的人生？

你知道吗？花钱的方式会暴露你的本性

钱这个东西，如果不实际花一花，就不会明白该怎么去花，如何让它为人生发挥效益。

从这一点来说，有"欲望"在某种程度上是件好事。"想要那个，想买这个"，如果没有这样的欲望，就不会明白钱的重要性，也就不会思考应当如何花钱。

原本，欲望就是资本主义社会的必需品。可以说，欲望驱使经济的运行，牵引资本主义社会的发展。

虽说如此，若是利欲熏心可就完了。人们一旦误入歧途，因为欲壑难填而欺骗他人、偷鸡摸狗，那么社会就会腐败，经济也会丧失其原本的功能。为了避免如上事态的发生，能够控制欲望的"理性"不可或缺。

总之，**要想用合法挣来的钱为人生发挥最大效益，必须把握好欲望和理性的平衡，同时要具备良好的人品。**

然而，要想做到这一点出乎意料地困难。因为，能够获得世俗意义上的成功的人，未必就足够理性，懂得如何与金钱相处。

例如，之前就有新闻爆出几个官员在应酬时收受贿赂。就连这些可以称为顶级精英的官员，也败给了自身的欲望，做出傻事，实在令人惋惜。

有些企业家赚得盆满钵满，本应熟知金钱的用法，却因为钱让其糟糕的人品暴露无遗。

之前，某个著名企业的高管派下属邀请我去做一场演讲。

那位下属自顾自地说了半天，最后像是随口补充个无关紧要的事一般，理所当然地甩出演讲委托费的价格。那价格低到让人难以相信是出自大公司。

我无比吃惊，甚至可以说是目瞪口呆。如果事出有因，姑且可以理解，但在没有任何解释的前提下，一脸无所谓地提出个堪称离谱的价格，实在令人难以置信。

我并非想说必须高价请我。比起价格，对方的态度问题更大。这让我深切地意识到，金钱的往来可以透露出一个人的人品和本性。

因此，也请你务必引起重视。**在思考如何有效利用金钱之前，要充分意识到金钱会暴露一个人的本性。**

那么，说到如何有效利用金钱，炒股或投资信托也许会是一个好主意。

需要事先声明的是，如果从一开始就抱着"挣大钱"的想法可不行。投资并非赌博。必须使用富余资金，还要肯花时间，持之以恒。

若是能满足这一前提，就可以尝试投资。

这是因为，长期通过股价追踪经济动向，能加深你对业界和社会的了解。你会变得能够洞察经济的未来走向。一言以蔽之，股票等投资对于学习金融和社会领域的知识具有非凡的意义。

如果具备了股票和金融知识，也会对工作有所帮助。要是你对经济和社会的走向了如指掌，上司和客户都会对你刮目相看吧。

诸如此类的知识，原本应该多多益善，但每日繁忙的工作实在令人难以抽身学习。即便学了，也往往是三分钟热度，很难坚持下去。

然而，一旦实际投资，就会不由自主地去学习这些知识。只要想到这与自己财产的盈亏息息相关，就会积极地获取相关知识和信息。

我年轻时也曾一度沉迷于炒股。赚了，也赔了，经历了很多。那时整天惦记着股票的涨跌，甚至都无心工作了。（哈哈）所以，我毅然决然地放弃了炒股，不过最近又慢慢开始炒起股来。

顺便一提，我是通过好几个证券公司来交易的。在甄选阶段，比起股价，我更看重前来推销业务的营业员的人品，其性格和言行举止会成为我判断该股票前景的重要参考。

营业员对相关信息和知识的掌握度自不必说，交易股票时的速度快慢和洞悉力也至关重要。我会据此来判断其交易股票的技术与能力。在和营业员打交道时，除了股价的动向，看人的眼光或许同样重要。

上述有关金钱的智慧，最好能从小学起。如果你有孩子，平时在给他零花钱的时候，或者给他买东西的时候，就可以传授他一些终身受益的理财智慧。

Part 4　如果因为金钱而烦恼

母亲生前的一位女性朋友，现年已近 100 岁了。

老太太虽然儿孙满堂，但平时从不会给晚辈一分一毫，而是在他们升学、毕业、结婚等重要人生节点，才把预备好的钱一下子给出去。而且，每个节点都有固定的金额，对每个晚辈也都一视同仁。

如此一来，晚辈们不但能体会到这笔钱的宝贵，还会愈发地信任老太太。比起出于溺爱而不停地给零花钱，像这样立下规矩、依规给钱，更能培养晚辈们的金钱意识，也会促使他们思考如何对待金钱。

当然，我并非要求大家照葫芦画瓢。毕竟花钱的规矩因人而异。重要的不是照搬别人家的规矩，而是要立下自己家的"家规"。

- 要时常思考欲望和理性的平衡。
- 确认自己在花钱的时候会不会失去人品。
- 出于学习而非赚钱的目的来尝试投资。

22

明明拼命工作，工资却很低，真是让人不爽

你挣的钱从何而来？

"我对现在的工资很不满意，真想涨工资。"

和你有同样想法的人一定很多。

明明拼命工作，到手的工资却配不上自己付出的汗水，自己应该多拿一些工资才是。你的心情，我非常理解。

但是，工资是公司规定的，不是员工一喊"多给我一点"就能涨的。这一点想必你也很清楚。

不过，最近很流行成果主义的风潮，越来越多的公司根据个人的考核和业绩发放工资。也有公司开始采用"职能薪资制度"，根据职位和负责的工作来决定工资的多少。

因此，如果你特别想提升自己的薪酬，可以出示自己具体的工作成果，试着和领导交涉，"我做出了这些成果，所以我希望得到奖励"。

能否成功当然也取决于是否有良好的企业氛围，如果你真心希望提升薪酬，并且也有交涉的余地，那么大可以去挑战一下。

当然，这件事可能很有难度，也可能会让公司领导觉得你很难缠。如果什么努力都不做，只是发泄不满，那谈不上有任何建设性的意义。

若想改变现实，就必须付出相应的努力。能做的事如果不做，就不会有任何改变。

这么说可能会让你忍不住叹气，但工作挣钱确实很不容易。

嗯？你在想"不是也有人不怎么工作照样能挣到钱吗"？

确实，有人不用付出辛劳就能赚钱。

比如美国的富裕阶层。根据国际非政府组织乐施会的调查，全世界 70 多亿人口中，排在前八位的富豪的资产总和，约等于占世界一半人口的 36 亿最贫困人口的财产总和。而这些富人并没有不分昼夜地工作。他们凭借企业运作，就能将数以亿计的财富收入囊中。

所以，富裕阶层的人们说不定只会思考一个问题："为什么我会有这么多钱？"当然，他们也付出了自己的努力，但这些财富绝不是仅凭自身努力就能换来的。

那么，他们究竟是靠什么才能如此富有的呢？

没错，他们依靠的就是社会上成千上万使用其公司产品的人。换言之，正因为有社会的存在，富豪们才能成为富豪。

因此，可以说大赚特赚的人本就应该将赚来的钱以某种形式回馈社会。通过回馈社会，可以让这个为自己带来金钱的社会变得更加富饶，反过来就会帮助自己赚到更多的钱。

所以，要想持续不断地赚钱，就要回馈在背后支撑你的社会。

实际上，欧美的富裕阶层都深谙此道，也都理所应当地捐赠财产。无论是微软创始人比尔·盖茨，还是被誉为"股神"的沃伦·巴菲特，都向慈善机构捐赠了巨额的财产，乃至一度被热议。

当然，这背后或许也有节税的考量，究其根本，还是由于他们心中"富豪理应通过捐赠来为社会做贡献"的想法根深蒂固，并且深刻理解自己的财富究竟从何而来。

不用拼命工作就能赚钱的人生，或许我们只有羡慕的份儿，但"现在自己口袋里的钱来源于芸芸众生"这种认识，并不仅限于富裕阶层，普罗大众也应当具备。

与欧美相比，日本社会中的捐赠意识还远远不够。

我本人对捐赠也不太熟悉，但高中母校创立 140 周年时，向毕业生发起募捐，我还是毫不犹豫地捐了十来万日元。因为我听发起人说，他和大家呼吁再三，但还是募捐不到什么钱，不知如何是好。

毕业生当中有不少人混得风生水起，不是自己开公司就是当董事。我原以为只要自己稍微做个表率，他们就会一鼓作气地慷慨解囊。谁承想，即便我开了这个头，结果也只有我和另外一人捐得最多。看来，捐赠意识的提升还是道阻且长。

若是对当前的薪酬不满，跳槽也是个办法。如果你发现"即便干得再久，也还是只有这么一点工资"，那么或许可以慢慢物色别的公司，逐步跳槽过去。

在挑选公司时，除了薪资待遇，是否适合自己也至关重要。要知道，一个让你工作得舒心的好氛围，可谓千金难换。

如果综合考虑以上因素，仍然觉得跳槽更为有利，那便可以选择跳槽；若是仍有犹豫不决之处，还是慎重为好。

请各位牢记，工资固然重要，但在公司培养的人际关系也是无价之宝。

- 为了提升工资，得好好想想能做的有哪些。
- 具体想象一下，自己赚的钱究竟从何而来。
- 跳槽时除了工资，也要将公司氛围和工作舒心度纳入考虑范围。

23

一想到将来，就对钱有无尽的担忧

你真的需要那么多钱吗？

不远的将来，现在供职的公司会不会倒闭，导致自己断了经济来源？

　　生病、意外受伤、父母需要看护等，如果陷入诸如此类的困境，是不是需要一大笔钱？

　　想到这些，就会担心得辗转难眠。

　　或许，你正因为这些担忧而烦恼？

　　的确，人生无常，世事难料。有时，越是认真的人，就越会想得太多，从而陷入不安。

　　提到这点，我可算得上是乐观到离谱的乐天派。哪怕是得知长子患有自闭症，又或是妻子因病反复住院，我都从未有过悲观的念头。

当然，在面对这些状况时，我也会像普通人一样觉得"完了""怎么办"，但我不会陷入深深的苦恼，也不会长时间地消沉。

我会转念想到"船到桥头自然直""再怎么烦恼也没用"，于是便自然而然地朝前看，"不管怎样，先解决眼前的问题吧"。工作上不论遇到多大的麻烦，我也从未愁到失眠。

这要感谢我的父母把我生得这么乐观，虽然也有后天修炼的因素，但主要还是天性如此。

毕竟年轻时的我可是"神经大条""偷工减料"的佐佐木啊。工作上自不必说，生活中也不会想得太多，没用的事情更是想做也做不了。这样是好是坏姑且不论，总之我是个坚强而单纯的人。

并非每个人生来就是如此。不论愿不愿意，有些人就是会不自觉地陷入不安和烦恼之中。就算告诉他们要"乐观"，恐怕也是强人所难。

我不会让他们"不要烦恼"或"坚强一点"，因为这些话可能会让他们更加无奈。

我送给忍不住烦恼的你一句格言。

Part 4　如果因为金钱而烦恼

"人生的必需品是'勇气''想象力'和'闲钱'。"

这句话出自著名喜剧大师查理·卓别林之口。

"勇气"和"想象力"无所谓，你不用在意。

我当然也希望你能拥有积极看待问题的勇气，以及乐观看待未来的想象力，既然这些对你而言很有难度，那我就不会强加于你。

比起这些，我最希望你能拥有的就是排在最后的"闲钱"。多少都行，我希望你能有一定数额的积蓄。不论多么焦虑不安，哪怕对未来极其悲观，你都能从现在开始慢慢攒钱吧？

你也一定能像我前面建议的那样，"量入为出""有计划且高效地花钱"吧？

没有勇气也无妨，缺乏乐观的想象力也无碍，取而代之的是要好好攒钱，20万日元也好，10万日元也罢，我都希望你能脚踏实地地努力攒钱。

哪怕钱不多，只要有积蓄，就算公司倒闭了，也能暂时吃得上饭。亲朋好友若是遇上困难，你也能出手相救。绝望会化身希望，"船到桥头自然直"的这份乐观也会油然而生。

"闲钱"究竟需要多少，完全因人而异。有的人需要100

万日元，有的人只需要 10 万日元，而有的人或许只需要 1 万日元。

哪怕只是 1 万日元，有和没有也是天差地别。即使这么一点钱，如果用法得当，也会让人生出现转机。所以，问题不在于钱多钱少。

其实，我在 30 多岁的时候，下班后经常被同事叫去一块儿喝酒。其中有不少人因此攒不下钱。即便挣得不少，如果花钱方式有问题，也会导致"月光"的局面。

所以，不必担心"自己收入太低而存不到钱"。前面也提到过，重要的是要过与收入相匹配的生活，哪怕攒得不多，持之以恒地慢慢攒钱就好。如此想来，是不是觉得也未必需要日进斗金？

嗯？即便这样还是吃不上饭的话，该怎么办？

那只能流落街头了（哈哈），当然这是玩笑话，这样的事情并不会发生。真到了万不得已的时候，还有生活保障补助等各种各样的救助金可以申领。如果到了无路可走的地步，完全可以寻求政府的帮助。

有些人会觉得接受救济"太丢人"，很伤自尊。这么想真的没必要，既然交了这么多年的税，该接受帮助时，就要堂堂正正地接受。遇到困难时，要大大方方地向人求助，然后让自己东山再起。

另外还有很重要的一点是，**不要和他人比较存款和收入。**

到了我这个年纪，基本上不会和朋友比较谁存款更多、谁挣得更多，觉得自己不如别人。或许也不是毫不在意，但确实没什么兴趣了。

你们年轻人最好也能保持这样的心态。不要和别人比较存款多少、收入高低，而且原本就不该对这件事有任何兴趣，因为比来比去毫无益处。

之前有个引发热议的话题——"养老需要 2000 万日元"，我觉得，养老所需要的开销也是因人而异的。有人需要 5000 万日元才够，而有人 1000 万日元足矣。闲钱很重要，究竟需要多少，完全取决于你自身。

· 要脚踏实地攒闲钱（哪怕很少）。
· 万不得已的时候，可以借助政府支援来重启人生。
· 不要和他人比较存款和收入。

修炼松弛感的 36 件人生小事

24

聚餐消费默认 AA 吗？

你知道吗？你的花钱方式会被别人看在眼里

公司聚餐，究竟该AA，还是该让领导多付一些？还真是令人头疼啊。

一般而言，大家似乎认为"工资更高的前辈应当多付一些"或者"谁提议聚餐谁来买单"，但也有很多人即便是自己主动邀请大家，也会理所当然地要求AA。

比如我30多岁时的部门上司。

他非常喜欢和大家一起喝酒，只要工作一结束，就会叫上下属去附近的居酒屋喝上一杯。到了结账的时候，他就会说："来，每个人3000（日元）"，理所当然地让下属平摊账单。

大家心里都愤愤不平，"明明是你叫我过来我才来的""我又不想来，是为了陪你才来的，你就该多付一点啊"。但那位上司看起来满不在乎，甚至对于比自己小一轮的下属，也能淡定地让他 AA。

而且，他当时已经是公司的专务了。大家都很无语，"明明工资是我们的好几倍，居然也好意思让我们 AA"。于是，渐渐地，谁也不愿意陪他去喝酒，一到下班的时间，大家就跑得无影无踪。

当然，有的上司工资也不见得比下属高多少，所以也不能一律要求上司就该多付钱。既然都做到大公司董事的位子了，还要求大家 AA，也确实有失风度。

就算不全付，既然是自己提议喝酒，那工资更高的人显然应该相应地多付一点钱吧。

因为要照看妻子和孩子，下班后我几乎不会和同事一起喝酒，偶尔和下属一起喝一杯时，我也会付一半的钱。

这是由于，一方面我认为工资更高的人理应多承担一些费用，另一方面我也觉得这样更能加深和下属的关系。

不过，也不必教条地认为"只要去喝酒，上司就必须多付钱"。如果是大家一时兴起，并没有人特意邀请，那么 AA 也毫无问题。

一旦你的下属认为"只要去喝酒，上司就一定会请客"，那么即便没什么大事，下属也会动不动就邀请你去喝酒，而这样既浪费时间也浪费金钱，对大家都没好处。

阔气的出手只有偶尔为之才有效。因此，要根据不同时期和场合，灵活应对聚餐时应付的比例。

当然，和上级去喝酒也是同理。

如果上司的邀请很难拒绝，且像刚才介绍的"AA专务"，一旦被这样的上司缠上，那不论工资多少也是不够花的。

因此，即便是上司的邀请，也要适可而止地接受。如果实在难以招架，那就找好借口，婉言谢绝即可。

不必觉得"要是拒绝了，之后在公司的处境会不会很尴尬""会不会影响升职"。实际上，我因为家庭的原因，几乎没有接受过上司的邀请，我非但不觉得处境尴尬，反而顺利地升职了。

说到底，在工作上，比起陪上司喝酒，做出成果更为重要。当然，那些总是有求必应地陪着上司喝酒的人可能会更受青睐，但要想把工作做好，可远没这么简单。

不过，喝酒买单时太过斤斤计较也值得反思。有时，大方买单也会为自己带来好处。

比如，第一章中提到的，我曾被安排负责相关公司的重组工作，当时为了加强彼此的信任，我经常和对方公司的人一起喝酒，每次结账都一定自掏腰包。因为我觉得他们的公司正在生死存亡的关头，手头一定不富裕。

时间一长，我的存款也渐渐见底。于是，我便找上司诉说自己的烦恼，他听罢大声骂道："傻不傻！可以报销的啊！"其他同事听说我自费请客，也都吃惊不已，"佐佐木居然自费请客，其他人都会用公司经费的啊"。于是，大家对我也都越来越信任。

能报销的喝酒花销，我自掏腰包，这未必正确。结果是为我赢得了更多的信任，也使我的工作变得更加顺畅。

当然，这并非有意为之，而是凭着年轻时的一腔热血，偶然收获的幸运。如果一开始就去申请报销，恐怕也不会收获如此多的信任。

说起报销，我还想起了一件事。

我所在的部门，偶尔会把社长和董事们的秘书聚集起来，犒劳一下他们。由于是犒劳辛苦的秘书，大家都觉得肯定是老板自费请客，谁承想居然还是用公司经费来报销。

看到报销单，秘书们都很失望。表面上是犒劳大家，结果反而增加了工作量，与其说扫兴，不如说大失所望，对老板也很难再忠心耿耿。

倒也不必像我曾经那样，请客请到捉襟见肘，但在喝酒买单等花钱的场合，不要局限于当下的利益得失，而要目光长远，适当大方一些也很重要。

> · 喝酒聚会是否AA，要具体情况具体对待。
> · 上司的邀请也要适可而止地接受。
> · 即使是工作，必要时也要自掏腰包。

25

不管用什么方法，只想赶紧多赚点钱

你赚的钱会对社会有益吗？

比起对工作挑三拣四，"这也不行，那也不行"，勇于尝试许多方法来挣钱的干劲，或许更有助于人的成长，无论你是否身在职场。

从结果来看，我并不建议你"不择手段"，尤其是有违伦理道德的方法，更是不该为之。

被誉为"日本资本主义之父"的明治时期实业家涩泽荣一（其故事被改编为 NHK 大河剧）曾说过这么一句话："**合乎道德的才最具经济价值。**"

换言之，合乎伦理道德的方式，才是获取财富的第一捷径。

涩泽主张"士魂商才"，认为"经商之人不仅需要具备商业才干，还应拥有为天下百姓谋福利的士的精神（道德）"。

他坚信，若是为了牟利不择手段，甚至不惜违背伦理道德，就会世风日下，经济发展也无法长久。

这种思想，如今我们经常听到，但在当时具有划时代的意义。

当时，大多数人都认为，商人为了盈利可以不择手段，商业与道德水火不容。

实际上，当时在海运业大显身手的三菱集团创始人岩崎弥太郎，以其独断专行的作风称霸一方。他通过排挤同行、垄断海运市场的方式，攫取了巨额财富。其牟利手段毫无道德可言，可谓"唯我独尊"。

即便看到了岩崎的巨大成功，涩泽也丝毫没有改变自己的经营理念。不仅如此，后来岩崎看中涩泽的才能，希望与其携手经商，涩泽却严词拒绝，转而与朋友创办海运公司，迎战岩崎，海运业一时龙争虎斗。

这场激战因岩崎病故而收场。随后，两家公司合并，大家熟知的日本邮船公司由此诞生。

虽然难断输赢，但从双方最终化敌为友、合二为一的结局来看，比起岩崎的"唯我独尊"，涩泽"重道德、求合作"的理念的确更胜一筹。

值得一提的是，涩泽除了日本邮船（NYK）之外，一生创办了 500 多家企业。其中最具代表性的如瑞穗银行、JR 东日本、东京燃气、王子制纸、帝国酒店、东京急行电铁等。

毋庸赘言，这些企业无一例外都是支撑日本经济的中流砥柱。不论哪一家企业，若是没有涩泽的精心经营都不可能长久存在。换言之，日本经济社会如今依然渗透着涩泽的精神理念，"商业应根植于道德之上"的涩泽主义遍布日本，生生不息。

有人说"职场上不是你死就是我亡"。现实社会中也有人认为"比起为天下百姓谋福利，挣钱才是王道"。

然而，"不义之财理无久享"，诚如这句谚语所言，通过不道德的手段得来的金钱终归会烟消云散，无法带来多大的经济价值。

希望大家能领悟这其中的道理，将"不道德的牟利方式有害无益""合乎道德的才最具经济价值"的涩泽主义牢记于心。

最近经常听到"SDGs（联合国可持续发展目标）"。

这是联合国为解决贫困、环境退化、性别不平等等问题，制定的发展目标。而实现这些目标恰恰需要国家、社会和工作方式合乎"道德"。

这一决议指标有很多，或许有些难以理解，简单来说，就是呼吁大家采取"对社会有益的工作方式"，并"停止唯利是图的想法"。这也和 CSR（企业社会责任）和企业宣传的经营理念密切相关。

拿我之前所在的东丽公司来说，公司的经营理念是"通过创造新价值来为社会做贡献"。换言之，若是创造出的价值对社会无益，公司便不会涉足。

具体而言，比如东丽就不会生产"柏青哥"这样的东西。因为即便有市场和利润，也很难说它对社会能有任何贡献。

今后，企业的这种公益性将会日益受到重视。涩泽所提倡的"士魂商才"并非一句空谈，而是会愈发在商业一线彰显其现实意义。

话虽如此，对于手头还算宽裕、暂时不愁没钱花的人而言，公益也好、道德也罢，都很难让人有所触动。更别提对像你一样正在为事业打拼的人，恐怕更难真正理解"为天下百姓谋福利"。

如果少部分富起来的人都独善其身，对身处困境者置之不理，那么这样的社会显然不够安定。一个不安定的社会，是无望发展经济的，而经济无法得到发展，最终影响的还是自身收入的稳定。

因此，每个人都应思考"自己的赚钱方式对社会是否有益"，树立"合乎道德的才最具经济价值"的前提意识。

- ·审视自己的赚钱方式是否合乎道德。
- ·经营不能只看业绩和数字，还要考虑CSR和经营理念。
- ·将"合乎道德的才最具经济价值"铭记于心。

Part 5

如果因为人际关系而烦恼

26

越来越厌烦与人接触

你能坚守内心的标准吗？

人际交往远比想象的更令人疲惫。

与人交往有诸多益处，不但对工作有利，还能促进自己不断进步，同时可以释放压力，舒缓心情。若是过度也会令人不胜其烦，除非彼此有着非同寻常的关系，否则即使刚开始觉得还算愉快，久而久之也会疲惫不堪。

虽说要是累了，不见就好，但还是觉得"不好意思拒绝别人的邀请""考虑到以后的相处，就算不想去也还是得去"。

这种便是所谓的"人情交往"。即使不情不愿也还是得硬着头皮配合，关系流于表面。让你厌烦人际交往的原因，或许就出在不断增加的"人情交往"上面。

人情交往不仅限于和同事、朋友，还包括与亲戚、邻里之间的交往。伴侣的家人、居委会成员、孩子学校的老师同学、一起交流育儿经验的宝妈们都是人情交往的对象。

对于他们，你没法因为累了就不见。不管再怎么不情愿，也切断不了日常来往。

这些出于人情的泛泛之交，原本没有最好，但又无可奈何。

那么，"人情交往"究竟有何益处？

人情一方面令人厌烦，但另一方面，它不仅是社会中不可或缺的道德体现和习惯倾向，似乎还是"每个人应走的正确道路"。正因为有人情，人际关系才会和谐，人们才能安心工作和生活。

例如，有时泛泛之交会给你带来意想不到的工作机会，当遭遇自然灾害或是意外伤害等不测风云时，平日维持人情往来的邻居也会向你伸出援手。

诸如此类，人情也意味着互帮互助。因此，绝不能轻易断言"人情交往有害无益"。

话说回来，日本人有过度重视人情的倾向。虽说个人主义也取得了一定的发展，但比起个人感受，优先考虑人情的风气依然根深蒂固。

人情的确重要，但若是一味地压抑自己，强迫自己应付，实在不够明智。

人情交往，说到底要控制在可承受的范围内。如果到了"不胜其烦"的地步，那么不近人情也无妨。

"该把哪个放在第一位？"当面临这样的抉择时，大家都会很苦恼，不知该以怎样的标准来判断。

在我看来，此时，**最好不要感性对待，而要理性思考**。

人类是感情动物，因此往往容易感性地判断问题，比如"我不喜欢""我讨厌这样"。一旦依赖感性的判断，就会产生各种困惑和烦恼，从而钻进死胡同。

如果试着跳出来，用理性来思考，冷静客观地看待人或事物，那么就能谨慎周到地判断该何去何从。

感性固然重要，但在判断问题时，还是应当依靠理性的思考。

另外，当遇到人情和道理二者择一的难题时，应当尽量避免固执的、片面的看法。

人总爱寻找答案，渴望分清对错黑白。

然而，世界并不是非黑即白那么简单。

表里、人情与道理、客套和真心，事物一定存在两面性。

关键要在这一前提下，把握其中的平衡，权衡不同场合下的不同对策。

硬要说的话，我也算是不近人情。因为上司叫我去喝酒的时候，我基本都回绝了。（哈哈）

当然主要原因还是我的家庭问题，才不得不拒绝上司的邀请。但我几乎从未因此担心自己不近人情，毕竟我原本就不太喜欢整天三五成群地喝完一家又一家。

不过，若是工作上重要的应酬，我也绝不怠慢。当我觉得"要是拒绝了会影响别人对我的信任"，即便有些勉为其难，我也绝不推辞。

可以不近人情，但不能失信于人。不论是在职场还是日常生活中，这点都极为重要。

此外，如果有不想失去的朋友，就要积极地"保养"和他的关系，不可失信于人。

与挚友间的友情可谓无价之宝。对家人难以启齿的话可以与之倾诉，失落消沉时也能互相鼓励，实乃人生一大慰藉。可以说，有或没有朋友的人生大相径庭。

出于真心的友情，而非出于人情的交往，不会让你感到疲怠。相反，还会让你充满力量。或许只有拥有这样的人际交往，才能称得上是理想的人际关系。

> · 人情固然重要，但也要注意"分寸"。
> · "可以不近人情，但不能失信于人"。
> · 重要的友情需要积极"保养"。

27

不知道为什么，总是会和别人发生冲突

你所坚持的是否仅限于"绝对不能让步的地方"？

和他人发生冲突会令你身心俱疲，备感压力。

如果冲突不断，就让人有些担心了。

毕竟疲惫和压力积攒过多的话，容易导致疾病的产生。

这一点请一定注意，务必保重身体。

无法避免的冲突另当别论，和人发生冲突这件事本身绝非坏事。

这说明你是个有主见，能主导自己的人生，并为其负责的人。比起毫无主见、任人摆布，在关键的地方绝不妥协，难道不是件很酷的事吗？

前面提到过史蒂芬·柯维的著作《高效能人士的七个习惯》，作为引导人生走向幸福的成功哲学，他在书中列举了如下七个习惯：

积极主动，主导人生；

明确目标，以终为始；

分清主次，要事第一；

利人利己，双赢思维；

由外而内，知彼解己；

综合统效，协同效应；

不断更新，提升自我。

现在我想和你聊的，就是这七项中的第一项"积极主动，主导人生"。

所谓"主导"，换言之，就是**"要有内心的坚守，哪怕与人发生冲突，关键之处也绝不让步"**。

正因为有了这样的坚守，人生才会熠熠生辉，一些小冲突又有何妨？柯维想告诉我们的就是这个道理。

其实，上一章提到的涩泽荣一也曾说过类似的话。

"一个人必须要有'棱角'。觉得不对劲的地方就不要让步，若是与自己的信念相违背，就要抗争到底。"

涩泽本人性情温和，比起与人争论，更倾向于好好协商。

即便是这样的人，也依然告诉我们要有"棱角"，要有绝不让步的坚守。

我自己的性格也偏向沉稳，很少大发雷霆。

但是，遇到"不能让步"的地方，我就会将自己的意见坚持到底。有时，我会非常生气，也会措辞激烈。即便平时为人温和，到了关键时刻，也会不自觉地露出"棱角"。

不过，如果"棱角"过于锋利，事后回想起来也会后悔，还可能影响和对方之后的交往。因此，即便"有棱有角"，也尽量轻松幽默地坚持自己的意见。

所以，当你和别人发生冲突时，也不用想得过于严重，轻松幽默地应对就好。"生气的时候也别忘了微笑"，这或许有些难度。如果能做到的话，至少可以避免一些不必要的冲突。

然而，如果任何事都"不肯让步"，也值得好好反思。棱角分明地与人冲突要仅限于"绝对不能让步的地方"。

如果能够明确自己"绝对不能让步的地方"，那么除此之外就都是无关紧要的事。如果明白这些事情并不重要，那么也就没必要生气或不满，冲突也会自然减少。

一言以蔽之，了解内心"绝对不能让步的地方"，就能尽量避免与人发生冲突，从而使人际关系变得和谐。

反之，若是不清楚内心"绝对不能让步的地方"，就会时不时地与人发生摩擦，长此以往，谁都懒得再搭理你。不论你能力多高，成果多突出，也会渐渐丢失别人对你的信任。

信用是一个人自己创造出的价值，无法用数字来衡量。

如果你在职场和家里感到十分舒心，即使犯了点错误也不会被追究，或许是因为你日积月累的信用发挥了作用。

然而，**若是不思进取，频频做出令人失望的事情，那你的"信用余额"就会越来越少。** 要是觉得"反正我一直都这样，大家会原谅我的"，可就大错特错了。

要知道，大家只是表面上睁一只眼闭一只眼，但心里对你的信任会慢慢减少。如果意识不到这点，依然我行我素地挥霍"信用余额"，那不论是生活还是工作，都会渐渐不尽如人意。

为了避免上述情况的发生，平时要谨慎地使用"信用余额"。

如果总是在小事上和人冲突不断，会让周围人对你避之不及，进而失去对你的信任。这点请务必引起重视。

再强调一下，一定要弄清自己"绝对不能让步的地方"，尽量避免那些有损信任的不必要的冲突。

如果能够注意到这点，冲突反而会为你带来好处。因为周围人会认为你是个"有原则的人"，你的"信用余额"便会噌噌上涨。

> · 弄清自己内心"绝对不能让步的地方"。
> · 与人发生冲突要仅限于"绝对不能让步的地方"。
> · 幽默地应对必要的冲突，也能提升你的"信用余额"。

28

和老朋友越来越难相处了

你意识到人是会变的了吗？

"士别三日，当刮目相看。"

这句话出自《三国志》，为吕蒙所言。这说明，哪怕只是几天没见，人也是会变的。即便是很熟悉的人，也不要用一成不变的眼光去看待他，每次见面时都应该重新审视一番。

下面，我来简单说明一下这句话的故事背景。

吕蒙是三国时期吴国的名将，武艺出众，但学识浅薄，因而被大家所轻视。

后来，吴王劝其治学。君命难违，吕蒙便发奋苦读，之后其才学突飞猛进，宛如脱胎换骨。

周围人无不为之惊叹，而吕蒙对他们说道，士别三日亦会飞速成长，因而下次见面时，定要刮目相看。

我想借此表达的意思，想必大家也都明白。

无论是亲密无间的朋友，还是相识已久的熟人，都不要用一成不变的眼光看待对方，而要在每次见面时重新审视对方，不要忽视任何一处细微的变化。

你在和朋友相处时，会不会也不小心忽视了对方的变化，而根据旧有的印象来对待对方呢？

恐怕就因为这样才导致和朋友渐渐合不来了吧。

假设你的朋友过去为人老实，性格内敛，话也不多，很少坚持自己的主张，别人说什么就是什么。

然而，时隔多日再次相见时，这位朋友变得敢于率先发表意见，与之前判若两人。于是，你要么心中不快，要么压根儿没注意到朋友的变化，继续按照以前的模式与之交往。

如此一来，你们自然无法和谐相处，甚至会产生矛盾。

因此，要认识到"相识已久的朋友照样会改变"，不论关系多么亲近，也应该心存敬意，以礼相待。

否则可能会失去重要的朋友。

不过，自认为对其了如指掌的朋友突然变得判若两人，也确实会令人吃惊。你可能困惑不解，不知道"到底发生了什么"。

实际上，我有不少类似的经历。

其中，最让我吃惊的，是我当科长时遇到的一个男同事。当时他刚进公司，性格沉默寡言，看起来不太可靠。当时我一度担心他并不适合这份工作，谁承想，他后来竟成了同批员工中第一个当上董事的人。

另外一位是我小学时的男同学。当时他性格温顺，不太起眼，几乎没什么存在感，体格也很普通，学习或运动也不出众，总之看起来平平无奇。

可后来他当上了政府官员，在各个地方发挥了领导才能。其政绩也备受赞誉，甚至获得了国家颁发的荣誉勋章。他就像吴国吕蒙，在同学们不知不觉中一跃成长蜕变。

有一次我在同学会上遇到了他，许久未见，看到他变得侃侃而谈，坦白说心里有些别扭。后来听别的同学说，他还拿到了国家级勋章，心里更不是滋味了。

如今回想起来，真是惭愧至极。那时我也没能对他"刮目相看"。好在当时我并没有做出什么不合时宜的举动，我不禁痛感"士别三日，当刮目相看"。

顺便一提，还有与他完全相反的例子。

有一个同学当年成绩好，又擅长体育，是班上一呼百应的领袖人物，但他在聚会上对着昔日的同窗好友吹嘘自己过去的成绩，一副高高在上的样子。

一想到他曾经是那么可靠的人，不由得令人十分惋惜。如果横竖要改变，多么希望他能像前一位同学那样收获惊人的成长。

话说，我和那位被授予荣誉勋章的同学后来也有些联系，他还出席了我第一本著作的出版纪念派对。

当时他在机缘巧合之下，为一本航空相关的杂志写专栏，内容十分精彩有趣。他写的文章好到让人怀疑是不是特意学过，简直可以去当作家。

联想到小学时代，真的感到不可思议。这样的例子实在数不胜数，所以最好不要认为昔日老友一定一成不变。或许对方的成长会让你吃惊不已，这倒也无妨，至少要心怀敬意，带着钦佩之情与之相处。

我们偶尔也会碰到有些人对别人的过去紧抓不放，对别人如今的改变视而不见，用旧有的印象给别人烙上标签——"你就是这样的人"，如此缺乏同理心的话真叫人害臊。

不论变好变坏，只要几天，人就会改变，请记住这一点，养成刮目相看的习惯吧。

> · 不论多么亲密的朋友，都要对其"刮目相看"。
>
> · 不管对方如何改变，都要以礼相待。
>
> · 不要用固有印象给别人贴标签。

29

迎合他人让你感到筋疲力尽

你会毫不掩饰地展现"真实的自己"吗?

做自己才是最好的。为了迎合他人而改变自己毫无意义。

对此，我一直这么认为。

就算你伪装自己，逢场作戏，也没什么意义，你的本性照样会被看穿。

恐怕你也早已被别人看穿。即便你拼命迎合，别人也能察觉到你的刻意和伪装。

相信你也能看出谁在演戏吧？就算别人微笑着对你说："好的，明白了"，只要其表情或肢体动作流露出丝毫不满，你多少也能察觉到"其实他并不认同"。

虽说总有人想用花言巧语蒙混过关，但人可没那么好骗。大家只是表面不说，心里都能隐约察觉谁在勉为其难地逢场作戏。

所以，别再伪装自己了，也别再竭尽全力地迎合他人了，尽量做自己吧。

这样不仅你会轻松，周围人也会轻松很多。因为，比起待在一个逢场作戏的人身边，待在一个原原本本做自己的人身边，会更让人感到舒心。

当然，丝毫不顾及别人的感受也不行。

如果口无遮拦、为所欲为，自然会招人讨厌。虽说做自己很重要，但太过放任自流肯定不好。

保持一定的谨慎，适当地察言观色，言行举止遵从内心。所谓做自己，重要的就是在这样的考量中展现自己的"真实"。

话虽如此，做自己可能还是很有难度。

很多人即便想展现"真实"的自己，也很难做到。

比如，对于某些人来说，"展现真实的自己简直是天方夜谭"。或许可以说，他们大多坚信，"逢场作戏才是王道"。

对他们而言，隐藏本心、逢场作戏好比工作，就算告诉他们要做自己，也很难做到。

如果演得太过，满是虚情假意，就会让别人感到心累，难以让人信服，以至渐渐失去别人的信任。

因此，我由衷地希望位于金字塔顶端的人都尽可能地做自己，那样社会和企业才能更好地运转。

其实，坚持做自己并获得成功的企业家大有人在。

例如，创办松下集团的松下幸之助，据说他曾勉励员工要多看书多学习。与此相对，本田公司创始人本田宗一郎却对员工说："有时间看书还不如去生产一线看看。"

两人的话截然相反，毋庸置疑的是，不论谁都是一流的管理者。不管各自的观点如何，他们都能原原本本地将自己的理念贯彻始终，也正因如此，才能收获员工的信任，从而将企业做大。

说起自成一派，职业棒球教练野村克也亦是如此。

野村教练曾说过："如果说长岛教练和王教练是向日葵，那我就是长在日本海边的月见草。"如果他强行模仿长岛茂雄或王贞治的执教风格，恐怕既滑稽，也无法带领战队取得胜利。

虽然大家对他的评价都是"严厉、较真、不苟言笑"，但野村就是野村，他坚持自己的执教风格，不在乎周围人的评价，或许正因为如此，他才成为一代名将。

嗯？你不知道该如何做自己？"因为太过迎合他人，已经搞不清自己的'真实面貌'了"？

那我建议你试着和别人聊一聊。

家人也好、朋友也好，找一个关系要好的人，问问他："我在你眼里是怎样的人？我是什么风格？什么是我的'真实面貌'？"我想，大家一定会给出各种各样的回答，告诉你"你是这样的啦""不是那样的啦"等。

之后，虚心接纳对方的意见，如果觉得他说得不太对，直说就好，比如"不不不，我觉得自己不是这样的"。

如此一来，便会激发出更多的交流。"不是不是，你说的不对""对哦，你这么一说还真是"，肯定也好、否定也罢，你都会获得各式各样的意见，而这些是你一个人无论怎么苦思冥想也想不出的。

然后，你应该就能找到"头绪"了——"自己或许是这样的人呢"。

要想探索到真实的自己，不要光是自己一个人苦思冥想，可以通过这样的交流来寻找灵感。

当然，如果评价太多，里面很可能会有让你不舒服的话。你完全没必要因为他人的评价忽喜忽忧。因为，**重要的是通过对话了解真实的自己。**

> · 停止你的表演。保持谨慎，随心而为。
> · 思考什么才是"做自己"。
> · 通过与他人的交流来探索"自己的风格"。

30

不知道怎么和合不来的人或讨厌的人相处

你会把注意力放在别人的"闪光点"上吗？

想必大家都听过一句话，"**婚前要擦亮双眼，婚后要睁一只眼闭一只眼**"。

此话不假。

在挑选伴侣时，要仔细观察对方，最好能确保婚姻万无一失。

一旦一起生活，势必会发现对方身上的缺点和小毛病。因此，要睁一只眼闭一只眼，尽量关注对方身上的优点。

简言之，所谓睁一只眼闭一只眼，就是"尽量忽略不好的地方"，这不仅适用于婚姻，也适用于其他所有的人际关系。

比起好的地方，人们往往会不自觉地关注不好的地方。即使没有恶意，也常常会下意识地指出对方的缺点。

不论是谁，被别人指出缺点都会不高兴，要么生气，要么难过。

如果你被别人指出缺点也会不高兴吧？哪怕是微不足道的问题，日积月累，也会渐渐心生嫌隙，对对方逐渐丧失了信任。

相反，若是对方不会一一指出你的缺点，对你的小毛病也都予以包容，那你就会对他心生好感，更加信任，不自觉地就想和他走得更近，处好关系。

工作也好、家庭也好，要想如鱼得水，信任是首要条件。而为了培育彼此的信任，就要学会忽略对方的缺点，多关注对方的优点，这样的习惯十分重要。

我也一直很注意这一点。

举个例子，几年前，我曾和女儿、女婿，以及亲家住在一起。起因是亲家老两口可能需要照看。

虽说是一起生活，其实生活空间是分开的。和老两口偶尔碰着聊天的时候，我会热情地倾听，好让他们打开话匣子。为了加深彼此间的信任，比起自己的事情，我会尽量优先考虑他们的事情。

当然，他们夫妻二人也有和我合不来的地方。我们的想法和价值观有着很多不同，我心里时常觉得"他们和我是真的不一样啊"。

总体来说，他们二位还是很不错的人。他们对我女儿很重视，也十分好学，知识渊博，有不少值得我钦佩的地方。因此，我会尽量把注意力放在这些"值得我尊敬的优点"上。

当初决定三家同住的时候，有朋友表示过担忧，结果我们相处得很融洽，没有任何争吵和矛盾，这或许就得益于我们努力着眼于彼此的"闪光点"吧。

说到这里，或许有人会说："有必要这么在意家人的感受吗？""和家人处得差不多就行了吧。"

然而，和家人的关系是重要的人际关系之一。如果随意对待或是轻视他们，关系就会破裂，生活中就会充满各种不愉快的体验。而这无疑会让你与幸福渐行渐远。

心理学家阿德勒认为"所有的烦恼都源自人际关系"，诚如他所言，甚至可以说，人生能否幸福与人际关系息息相关。

若是小看了人际关系，觉得它不过是人生的一小部分，那可就大错特错了。

一定要记住，人际关系是关乎你的人生能否走向幸福的重大因素，在家也好、在职场也罢，夫妻间也好、同事间也罢，都要用心构筑良好的人际关系。

有人说："要想构筑良好的人际关系，就一定不能发生争吵。"是这样的吗？

不不不，并非如此。

尤其是家人或夫妻之间，因为生活在同一个屋檐下，吵架拌嘴在所难免。偶尔吵个架、赌个气，这些都再正常不过了。

有的家庭成员即便满腔怨气也会不吵架，而是把彼此当成空气，要我说，这才糟糕呢。此外，如果是一方服从于另一方的关系，坦白说也值得反思。

忍耐固然重要，但要想加深彼此的信任，冲突，争吵，再重归于好，这样的小风波在某种程度上也很重要。

不过，上面所说的仅适用于亲友之间。在工作中，还是应该避免发生冲突。

之所以这么说，是因为家人之间彼此都很清楚对方的脾气，就算发生争吵，也能和好如初。只要不是特别严重的问题，通常不会导致无法挽回的局面。

然而，职场上有形形色色的人，有的人即使和你吵了一架也不会当真，如果对方不是这样的人，之后很可能出现一堆麻烦。所以说，工作中最好不要和别人发生正面冲突，应当揣摩对方的想法，思考相应的对策，有策略地与之交锋。

如果对方的行为过于荒唐就另当别论了，比如不遵守约定、毫无时间观念等。

我可不是在学"会津家训"，任何组织里都要有规矩，"不能做的就是不能做"。要是连这样的规矩都守不了，就称不上是一个合格的社会人。因此，在和这样的人发生冲突之前，尽量向上级汇报，争取理性解决。

- 家人间也要竭尽全力发掘"闪光点"。
- 明白人际关系是人生的重要课题，努力构筑彼此的信任。
- 工作中尽量不要发生冲突，遇到荒唐的人要向上级汇报。

31

总是太过在意竞争对手的存在

退一步想想，你不觉得这是在浪费时间吗？

在意竞争对手不是件坏事。有一个能互相切磋的对手，比起一个人默默努力更能促使你进步。

不过，要是太过在意就没有意义了。工作也好、个人生活也好，要是总被"输赢"左右心情，真的是蹉跎人生。

年轻的时候总免不了争强好胜，如果上了年纪依然如此，那在讨论竞争对手之前，或许有必要重新审视一下自己，到底该做什么、想做什么。

认真思考"自己的目标是什么"，要拼命去想，想到几乎忘记竞争对手的存在。

当然，如果工作上被竞争对手超越，确实很不甘心。要是对方比你先获得什么东西，或是听说对方得了什么好处，那你内心很难毫无波澜。

如果因此就给对方使绊子，或是贬低诽谤对方，那可不行。这才是真正浪费时间的行为。有时间做这些，还不如做些更有意义的事。

或许你还没有实际体会到：人一生的时间实在太有限了。用有限的时间去做无意义的事，真的是在浪费生命。因此，希望你尽可能地思考如何有效使用自己的时间。

前面多次提到，"时间管理"的精髓就在于准确把握重要的事项。

在一堆事情里，不太重要的事情要么放弃要么快速完成，而重要的事情则要花费时间，做到完美无缺。**所谓"时间管理"，并非管理时间本身，而是管理工作（待办事项）。**

人生也是同理。

我们经常听到"断舍离"一词，顾名思义，就是"断绝""舍弃"和"离开"。不重要的事情就要学会断绝、舍弃、抽身离开。

活得越久，身边积攒的东西就会越多。不那么重要的东西也会在你的生活中堆积如山。

这种状态下，人们会渐渐分不清事情的轻重缓急。于是，真正重要的事情往往随便敷衍了事，而无所谓的事情反而花费了大量时间和精力。

毋庸置疑，将时间花费在可有可无的事上，既没有意义，也不会让你的人生更加精彩。换句话说，要想让人生丰富多彩，就必须整理身边的事情，舍弃多余的部分。这便是"断舍离"的思维方式。

不过，"断舍离"对于有些人来说确实很有难度。哪怕是阅历丰富、知识渊博的人，也未必能轻松做到。

比如，前面提到的我女婿的母亲，她十分好学，阅历也很丰富，但就是舍不得扔东西。

以前买的书和杂志自不必说，宴会上主人答谢的礼品、别人送给她的东西、闲置的茶碗和碟子、孩子小时候的玩具、水电费的收据，甚至是只写了几个字的便笺，她都会保管好，简直让人目瞪口呆。

和我们住在一起的时候，虽然她也狠心处理了其中一部分东西，但剩下的纸箱依然堆积如山。毋庸置疑，这就是舍不得扔东西的性格。

这样的人自然不在少数，要我说的话，最好还是做个能够"断舍离"的人。

这些习惯通常是在年轻时养成的，所以我希望你能从现在开始慢慢养成好习惯，把重要的和不重要的东西区分开，"不需要的东西就毫不犹豫地扔掉"。

那么，要想养成"断舍离"的习惯，具体应该怎么做呢？

首先，我建议你定期整理身边的物品。

我自己原本就没几件衣服，也没有收藏的爱好，所以东西很少，唯有书堆了不少，有时甚至会不小心重复购买自己原本就有的书。

对我而言，书是舍不得扔的，年轻时也积攒了不少藏书。最近10年，我努力将藏书的数量维持在1000册左右。如果买了新书，就要相应地扔掉基本不需要的旧书。

多亏了这个好办法，我找书的时间得以大大缩短，不会因为想不起书在哪儿而急得到处翻了。

另外，和同事或者同学的聚会，我也会遵照"断舍离"的原则，有选择地参加。如果一场聚会后，还要再来第二场，那我绝对不会去。

这样既省时又省钱，可谓两全其美。最近，人们晚上的聚会少了很多，或许很多人都因此意识到之前在聚会这件事上花费了太多的时间和金钱。

此外，看报纸时也可以训练自己分辨重要和不重要的信息。没兴趣的报道看个标题就好，只有自己需要的信息，才要仔细阅读。与其说是看报纸，不如说是一目十行地"扫描"报纸。

像这样区分"什么需要""什么不需要"，久而久之就能提炼出对自己真正重要的东西，舍弃毫无用处的东西。总有一天，那些无意义的竞争意识、焦虑、自卑就会随之烟消云散。

- "过度在意竞争对手"简直是在浪费时间，快别这样了！
- 通过"断舍离"来思考"时间管理"。
- 物品、聚会、习惯等，把其中能舍弃的部分列出来。

Part 6

如果你对现在的自己抱有疑问

32

总是把事情想得太过悲观

你是不是对很多事情都抱有过高的期待？

当面对需要花大量时间或是前景不明朗的问题时，谁都会觉得头疼，也会感到担忧和不安，一不小心就变得悲观起来。

话虽如此，如果动不动就悲观，凡事都往坏处去想，实在毫无益处。

不论结果如何，比起悲观地去想"怎么办啊""好担心啊"，不如乐观一点，想着"没事的""总会有办法的"，这样更能振奋人心，也更不容易积攒压力。哪怕事情的结果不尽如人意，也要积极地去想，"没事，往前走，再想想别的办法"。

那么，怎样才能乐观积极地看待事物呢？

为此，首先要学会放弃"过高的期待"。

所谓期待，就是心怀某个目标，盼望事物能够如愿以偿。

这种心情若是过于强烈，当愿望落空或是遭受背叛时，自然会十分失望和沮丧，也会感到巨大的担忧和不满。

如果能放弃过高的期待，就能想到"先把能做的都做了吧"，也能不再执着，灵活地借助他人的力量，尝试其他的方法。

嗯？"不要过度期待"就是让人"不要抱有希望"？

不不不，此言差矣。所谓不要过度期待，并非让你不去信任别人，整天疑神疑鬼。

简单来说，是让你保持一定的距离，理性、冷静地去看待事物。

因为过度期待会让人看不清周围的一切，变得自以为是、考虑不周，而这绝对算不上什么好事吧？

总之，过度期待会把人逼进死胡同。当期待落空时，就会不知所措、自暴自弃，变得十分悲观。

《幸福散论》的作者，法国哲学家阿兰曾说过这么一句话："**悲观是一种心情，而乐观是一种意志。**"

因为悲观产生于混沌的心情，而乐观来自积极思考对策的意志。

若是悲观地看待事物，就会被"反正也不行""横竖做不了"的消极想法所淹没，从而丧失行动力。当你觉得"不行了"的时候，可以说你就亲手丢掉了你的目标和可能性。

而另一方面，乐观地看待事物意味着承认自己的可能性，相信自己"绝对没问题，一定能行"，心怀目标，主动出击。"乐观"一词听起来似乎像是缺乏深思熟虑，把问题想得太过简单，然而事实绝非如此。

例如，第二次世界大战期间，即使英军被德军逼入绝境，英国首相温斯顿·丘吉尔也没有放弃，而是继续鼓舞国民，拼命顶住了德军的猛烈进攻。

丘吉尔在自传中写道："我是英国最坚定的乐观主义者。在和纳粹作战期间，英国上下都悲观地认为必败无疑，只有我一个人始终保持乐观。我一直告诉大家，我们一定会胜利，一定会战胜纳粹，最后我们果然胜利了。所以乐观主义会成为表明决心的利器。"

丘吉尔在面临危机时仍然毫不悲观，将乐观主义贯彻到底，抱着必胜的决心临危不乱。因此才能冷静地分析战况，充满智慧地制订作战计划，联合世界反法西斯力量，最终战胜德军。

虽说乐观是个好东西，盲目的乐观就不可取了。如果是莫名地觉得"应该没问题吧"，那只能算是自我感觉良好。而仅靠感觉，乐观是无法变成丘吉尔口中表明决心的利器的。

说到底，只有在充分了解自己的处境、现状及其背景的前提下，乐观才能带来良好的结果。

要想变得乐观，目标不可或缺。这里的目标并不是指遥不可及的远大理想，最好是踮踮脚就能够到的小目标。

我一直坚信，人来到这世上是为了获得幸福。

当然，幸福的标准因人而异。有人认为幸福是腰缠万贯，有人觉得幸福是家庭和睦，也有人认为投身自己的爱好才是最大的幸福。而为了实现各自的幸福，又该如何去做呢？于是，这就要求大家制定具体的目标。

定好了目标，之后要付出必要的努力：勤奋学习、请教他人、改正缺点。

努力的过程中或许会经历千辛万苦，也或许会遭遇挫折。只要有了目标，就能萌生出"我一定可以"的乐观精神，从而不受悲观思想的侵扰，最终实现自己的目标。

- 不要过度期待，保持距离，冷静地看待事物。
- 秉持"我一定可以"的信念，弄清自己的处境和现状。
- 为了获得幸福，试着制定目标。

33

为自己的不成熟而苦恼

你知道"多样化的思维方式"
能拓展自己的可能性吗？

总是很难感受到自己的成长。

尽管年纪已经不小了，依然觉得自己不够成熟。

虽然也付出了相应的努力，但收效甚微。

当你遇到这种束手无策的窘迫时，可以试着将自己置身于一个和以往不同的环境中，比如学习一项新技能，或是参加一场各行各业人士云集的交流会。

这样，你便会结识此前从未遇到过的类型的人，接触到拥有不同的经历、想法和价值观的人。通过了解各种各样的思维方式和价值观，你就能重新审视自己的想法和做法。

你和同事们整天待在一个公司上班，想法基本差不多。如果只和他们打交道，那么你对事物的看法和思维方式就很容易僵化，导致无法进步，难以获得成长。

为了破解这种局面，尝试一些新的事物，或是结识一些新的朋友，接触多样的价值观和思维方式，"多样化"十分重要。

关于多样化，我在第二章里就提到过。

所谓多样化，即承认性别、人种、宗教、价值观等方面的差异，并让各种各样的人都能在社会或企业中发挥出自己的可能性。其实多样化并非多么宏观的东西。接触不同领域的人，对他们不同于自己的想法产生兴趣，这就是一种多样化的体现。

和与自己不同的人交流，乍一听或许会让人担心"万一聊不来该怎么办"，事实上，是一件十分愉快、有意义的事情。因为你会听到平时听不到的话，接触到新鲜的主意和想法，对自己来说可谓"有百利而无一害"。

我在40多岁时参加过一个叫作"浩志会"的多行业交流会。这个交流会的形式丰富多样，参加者不仅有来自不同企业的人，还有来自政府各个部门的人。

交流会每次都会给出各种各样的课题，大家会围绕这些课题坦率地交换意见："原来如此，贵公司是这么去做的啊！""我们公司会这样做，你们的做法真的很棒！"像这样，大家每次都会聊得热火朝天。交流会不限于聚会聊天，还会组织大家参观工厂，或是互相去对方的工作现场进行考察。

对于上班族而言，这简直是另外一个世界，或许有人会觉得又累又可怕，如果抱着"见识不同世界"的心情去体验，这难道不是不可多得的宝贵经历吗？

承认多样化，承认差异，不论对社会还是组织都极为重要，甚至可以说不可或缺。

这是因为，当不同的意见产生时，就会和固有的常识发生碰撞。通过碰撞，就能验证这一常识是否正确。若是不正确，便可以向正确的方向加以修正。简言之，多样化的存在能够防止人们误入歧途。

企业也好、国家也好，组织内部往往会倾向于"一元化"，依靠单一的做法、单一的价值观和单一的见解来运作。

如果把所有事物都一元化，确实能够提高效率。企业或许能够实现高效经营，快速取得成果。

然而，从长远来看，这样做最终能否获得良好结果值得怀疑。快速决定，乍一看似乎强大有力，能够立马行动起来。万一方向有误，就无法加以修正，后果不堪设想。

细想一下，这不仅限于组织内部。人类本身或许就不擅长接纳多样化。

不管是谁，只要听到和自己想法相左的意见，都会感到抵触和反感吧。不论是夫妻之间还是亲子之间，若是听到自己从未想过的提议，都会一时措手不及，或是压根儿无法接纳。

就算想去接纳，也需要花费一定的时间。而谁都不愿花费太多时间，于是便会觉得，这些不同的意见，还是没有的好。

人是很难接受不同的观点和意见的。不论是人还是组织，要想进步，冲突和碰撞必不可少。正因为有了冲突和碰撞，才能修正错误，走上更加幸福的道路。

因此，你不要害怕冲突和摩擦，积极地为自己的人生注入多样化吧。当你遇见多种多样的想法时，"觉得自己不够成熟"的烦恼自然会烟消云散。

·学习新鲜事物，参加多行业交流会等活动。
·对一致通过的意见要持怀疑态度。
·越是难以接受的意见，越要花时间去考量。

34

要想在社会上生存，"严厉"必不可少

比起"严厉"，你会不会更重视
"温柔"？

"如果我不强硬，我就没法活；如果我不文雅，我也不配活。"

这是美国作家雷蒙德·钱德勒小说中的出场人物菲力普·马洛的著名台词。

这句台词的意思是，强大虽很必要，但温柔更为重要，温柔要胜过强大。

实际上，历史上也有类似的话。

中国儒家提出人应当遵守"仁（仁爱）、义（正义）、礼（礼仪）、智（智慧）、信（诚信）"，其中最为重要的是仁，也就是爱和关怀。

另外，被称为"现代管理学之父"的彼得·德鲁克也指出，管理中最不可欠缺的就是真诚，不够真诚的人是无法胜任领导一职的。换句话说，这是在告诫人们要重视体贴和真诚。

简言之，三个方面都不约而同地强调温柔、关怀、诚实的重要性。

这基本可以理解为，在这个世界上，温柔是个好东西，它比严厉更为重要。

但是，我的想法稍有不同。

温柔、关怀和诚实固然重要，但仅凭"不够强大的爱""只有温柔的关怀"和诚实是远远不够的。

我很喜欢一位名叫新谷仁美的马拉松选手。2020 年，她在女子一万米比赛中刷新了日本纪录。

当时在接受采访时她说了这样一番话："我一直按照横田（横田真人）教练的指示来训练，他是个魔鬼教练，我们也发生过很多争吵。但我很认可他说的话，因为他说的基本都是对的。所以我就下定决心按照他说的来做，也正因为这样才破了纪录。要是不能破纪录就都怪教练。（哈哈）虽然他有些地方我也难以接受，但我还是很尊敬我的教练。"

横田教练恐怕很严厉吧。比起温柔的鼓励和称赞，厉声呵斥似乎更多。但他最终帮助新谷创造了新纪录。虽说会有争吵，但新谷直到最后都很信任自己的教练，从而实现了自己的目标。这恰恰得益于教练看似严厉的指导下，被强大所包裹的爱。

当然，只有严厉肯定是不行的。如果教练整天大发雷霆，别说刷新纪录，运动员的干劲都会荡然无存。

仅仅强大是不行的，只靠温柔也不够，必须要有充满强大的温柔。

在重视爱和关怀的同时，也一定不能忘了这点。

所谓强大，换句话或许可以说就是"热忱"。

而所谓热忱，其实是一种认真而又拼命的态度，比如，"我一定要和那个人相处融洽""我一定要把事情弄清楚"。

我认为大家都应该具备这种热忱。

这点放在工作中，就是要对自己所在的公司和下属心怀爱意，充满热情地对待工作和周围的人。

如果能拥有这样的心态，就能收获前所未有的发现。若是能积极与他人接触，努力理解对方，便会自然而然地知道该如何与对方相处。只要心怀热忱，就会茅塞顿开，思如泉涌。

Part 6　如果你对现在的自己抱有疑问

这也可以说是"要用灵魂来识人"。

我总觉得，灵魂与爱相通，只要心怀爱意，就能用灵魂而不是大道理去理解对方。

如果能用爱和灵魂去尝试理解对方，那么在与对方沟通时，比起自己滔滔不绝，会更愿意倾听对方，即便对方语无伦次，也能洞察出他真正想表达的意思。

要想了解一个人，简单来说，就是要默默倾听对方。

为了避免误会，我还是要事先声明一点，所谓热忱并非是要你单方面地为对方鞠躬尽瘁。**利人也是为了利己，归根到底还是要为自己考虑，这是热忱的基本前提。**

若是热忱相待，交流自然会变得顺畅。交流一旦顺畅，工作也好、生活也好，任何事都能变得更高效。而这毫无疑问能使自己和对方都更加顺利幸福。

现在线上办公的机会越来越多，这正是心怀爱意，与下属热忱相待的绝佳机会。

比起线下，线上办公在工作的设计、推进、检查等方面都能实现更为细致的指导。线下办公的时候，任务跟进方面往往马虎了事，而换作线上办公则能一丝不苟地跟进。

线上办公的话，由于无法亲眼监督，所以有人可能觉得必须对下属管得更严才行，然而毫无爱意的方式只会挫伤下属的积极性。

不论线上还是线下，只有以热忱的姿态去了解对方，才能让交流变得顺畅。

- 试着"同时拥有温柔和严厉"。
- 工作也好、家庭也好，都要"热忱"相待。
- 将"爱和严厉"灵活运用到线上办公中去。

35

怎样才能成为运气爆棚的人呢？

你做好"抓住机会的准备"了吗？

运气好不好，很大程度上是我们无法左右的。

因此，也就无法断言怎样才能招来好运。

不过，从我自身经验来看，有一点是可以确定的。

那就是，**幸运不会降临在毫无准备的人身上**。只有做好随时都能抓住机会的准备，才能接住幸运之神抛来的橄榄枝。

写到现在，我已经强调了很多次明确目标的重要性。

对自己而言，幸运究竟为何物？为了获得幸运之神的眷顾，具体该怎么去做？为此又该付出怎样的努力呢？

之前我也说过，不管在工作还是生活中，如果能够时常心怀目标，明确自己该做的事，不论发生什么，都能泰然处之。

像这样，明确目标，事先弄清自己该做的事和合适的做法，当机会到来之时，就能立马抓住，并毫不犹豫地开展工作。

如果没有目标，也不知道自己想做什么、该怎么做，即便机会出现，也只能与其失之交臂。就算身边有好事发生，也只会云里雾里地错失良机。

等过了一段时间回过神来，又会悔恨万分，"唉，要是那会儿能抓住机会就好了""我这运气真差"。由此可见，所谓"运气差"，其实是因为缺乏准备，抓不住机会罢了。

因此，要想运气爆棚，无论如何都要做好准备。

做好万全的准备，为机会降临的那一刻蓄势待发。

所谓"运气也是实力的一部分"，说的不正是这个道理吗？

有时即便做好了充分的准备，关键的机会就是迟迟不来。如果是这样，也实在无可奈何，唯有耐心等待。

只要自己做好了相应的准备，机会往往就会从天而降。仿佛看准时机似的，好事会马不停蹄地朝你奔来。

我再说一个东丽公司首位女性海外驻派员的故事吧。

当时，我还在担任营业科长，这位女士主动向我提出希望去海外工作。

现如今，女性驻派海外早已屡见不鲜，在当时可是"前无古人"。她曾无数次提出过申请，但之前的上司无一批准。我很认可她的工作能力，也被她这份不同寻常的热忱所打动，于是决定将她派去中国香港。之所以选择中国香港，是因为那里离日本相对较近，公司方面和她的家人也会相对放心一些。

然而，周围的人强烈反对："把一个女士派去海外，万一发生什么事，你担得了责任吗？"

公司方面的担忧，我也不是不理解，但女性也可以派驻海外是今后的大势所趋。事实上，其他公司也有女性员工在海外大显身手，这早已不是什么新鲜事。我用这些话成功说服了各位领导，最终敲定了让那位女士驻派海外的事。

事情定下时，她来向我道谢，并说了下面这番话："我一直很想去海外工作，也为此付出了很多的努力，做了很多准备。但我知道，在之前那些上司的手下一定没戏。您成为我的上司之后，我觉得机会来了，所以就下定决心找您商量。"

也就是说，她早早做好了准备，终于等来了我这个"幸运之神"，于是一下抓住了机会。

有些人虽然好不容易做好了准备，当机会真的到来之际，却打起了退堂鼓。自我怀疑、顾虑重重，最终不了了之。

当机会到来之时，最好不要自我怀疑。要相信自己，一鼓作气地勇往直前。只要事先做好准备，就算中途进展不顺，最后基本也会圆满收场。

坦白说，我自己也有类似的经历。那是我30多岁时，决定从大阪总部调任到东京总部的事了。

当时，我一直心怀一个目标：要让公司变得更好。为了实现这个目标，我认为必须要先出人头地，于是我努力磨砺自己，提升业绩。

那时，曾经与我一起共事的常务当上了社长，他提出希望我来东京。当时由于公司改革，公司内部正在进行"人员大换血"。

但是，我妻子因为肝病已经在医院住了三年，调任对我来说恐怕很难。听了我的答复，社长说道："行与不行，你先去咨询一下你夫人的主治医生，再做决定。"

于是，我便去和主治医生商量此事，主治医生觉得"就算去东京也没什么问题"。因此，我便下定决心调任东京。之后，我在社长手下工作，走上升职的康庄大道，最后当上了董事，离自己的目标更近了一步。

正因为我没有畏手畏脚，没有觉得"怎么想都很担心""东京人生地不熟，还是留在大阪轻松"，而是勇于尝试，积极向前，才能抓住机遇。

遗憾的是，我后来不幸被免职，不过之后将多年积累的心得体会编撰成了书。最初用手账记录心得体会并不是为了以后当作家，结果却成了我出书的前期准备工作。

运气因准备而来。我的人生便是最好的证明。（哈哈）

- 试着把自己该做的准备写下来。
- 当机会降临时，要敢于把握机会，不要畏首畏尾。
- 勤做记录，有朝一日定会派上用场。

36

对什么都很消极，总也提不起干劲

你的心中有盏"希望之灯"吗？

你似乎很痛苦，是不是发生什么不好的事了？

你是否每天都筋疲力尽，早上连起床的力气都没有？

倘若真是这样，那么请立刻把你的痛苦告诉别人。

如果"我很痛苦"这句话让你难以启齿，换成"我想和你聊一聊"也无妨。给你信得过的人打个电话吧，告诉他，你很希望他能陪你聊一聊。

倾诉的对象可以是家人、朋友或上司。和一个你觉得"愿意倾听你的人"聊一聊，心情会轻松很多，因为说出来远比憋在心里好受得多。

虽然说出来并不能解决什么实际问题，别人也不能百分之百地理解你的烦恼，但如果能把心中积攒的不快稍微说出来一些，就会感到畅快不少，这样就能冷静地分析自己的苦恼。

如此一来，便可以慢慢找到解决问题的线索。

“要是被人知道我很苦恼，会不会很丢人？”“让别人看到自己软弱的一面，是不是太㞞了？”

此言差矣，这件事既不丢人也不㞞。

看看当今社会，诸如心理咨询和心理门诊，这些咨询心理问题的地方是不是随处可见？提供相关援助的公共机构和非营利团体是不是也数不胜数？

由此可见，社会上到处都有正在烦恼的人。所以，完全没必要因此而感到羞愧。

在我曾供职的东丽公司，每周有两天可以免费咨询专家的“心理咨询日”，有心理问题的员工会定期前去。因为咨询过程会被严格保密，所以大家都能放心地去咨询，毫无后顾之忧。

连公司里都有这样的咨询机制，说明每个人内心深处都有无法言说的烦恼。

别看我现在云淡风轻，我曾经也一度因为既要工作，又要照顾生病的家人、料理家务而忙得不可开交，濒临崩溃。

身患重度抑郁的妻子好几次不管不顾地打电话到公司；回到家中，我那患有自闭症的儿子又会喋喋不休地说着漫无边际的话；后来调职和搬家撞到一起，更是忙上加忙。

明明有重要的工作要处理，为什么还有一堆不得不做的杂事压得我喘不过气来？我无数次崩溃到想要自暴自弃。

每当这时，我就会在回家的途中喝上一杯。

我会在家附近买上几罐啤酒，一边咕嘟咕嘟地大口喝着，一边安慰自己："啊，今天也很辛苦啊！""虽然每天都很累，但总会好起来的！"然后悠闲地踏上回家的路。

睡前我也会小酌几口，等到酒劲微微上头再倒头就睡。说起来，这也是借助酒劲，尽可能积极地把当天的压力释放殆尽。

不过，为了忘却一切烦恼而喝得烂醉如泥可不行。喝酒要适可而止，当作犒劳自己，喝到刚好能缓解一天的疲惫为宜。如果能像这样去喝酒，酒就会成为抚慰身心的好伙伴。

另外，因为我喜欢运动，压力一大我就会去慢跑。我还很喜欢看电影，所以也会见缝插针地收藏、观看电影。

可见，压力只能借助外力去释放。不仅仅是运动和电影，诸如听音乐、跳舞、看体育比赛、享用美食、欣赏喜欢的美景等也都是极好的办法。

总之，**要学会创造一些乐趣，一些能让你暂时逃避残酷现实的避风港。而且还得不止一个，要有好几个才行。**这样哪怕其中一个实现不了，也还有其他的避风港可供选择，相当于给自己的避风港"上个保险"。

如果这样依然无法治愈你的坏心情，又该如何是好呢？

此时，我会选择从书籍中汲取力量。在我最痛苦的时候，支撑着我的是维克多·弗兰克尔写的《活出生命的意义》。

弗兰克尔被关进纳粹集中营后，身边的犹太同伴一个个死去，但他依然坚信"自己一定会得救""一定能活着走出去"。即便身处难以想象的残酷绝境，他也绝不放弃，最终如愿以偿，活着走出了集中营。

那么，弗兰克尔究竟为何能够幸免于难呢？不外乎是因为他没有丧失"活下去"的信念。

读完这本书后，我深感人一旦失去希望就彻底完蛋了。因此，每当我快被绝望淹没的时候，我就会反复阅读这本书，告诉自己"只要希望还在，就一定有路可走"。

所以，也请你像弗兰克尔那样点燃心中的希望之灯吧。

不论身处怎样的困境，都请借助一切力量让心中的希望之灯永不熄灭。只要还有希望，黎明终将到来。

- 痛苦的时候，找个信得过的人当面或是电话聊一聊。
- 要有几个可以缓解压力的方法。
- 读一读像《活出生命的意义》这样可以帮你点燃希望之灯的著作。

后

记

你觉得这本书怎么样?

是不是一边参考着我的建议,一边得出自己的答案了呢?

这些问题并非要"别人问,你来答",而是要"自问自答",这也是基本原则。

而且,不能机械式地回答,最好积极思考每个问题,询问自己"我究竟是谁""我想怎样去工作""我想要怎样的生活方式"。

当认真回答完所有问题后,你就会有前所未有的发现。

当你收获这样的结果,也就意味着你的"自问自答"圆满成功。

这种自问自答,我建议你只要有机会就反复去做。

比如我在 40 多岁时，每到新年前夕，就会询问自己"明年想以怎样的姿态去做什么事情"，并依此制定目标，把具体要做的事写在一张 A4 纸上，然后拿给下属和上司看，将我的目标"昭告天下"。

这样就会产生强烈的责任感，变得更加干劲满满。

只要按照计划严格执行，就一定会有所进步，自然而然地得到磨砺和提升。

等到一年后，再回过头来看看之前的计划，加以反省和改进，这样就能制定出更高的目标。

当然，你大可不必像我一样把自问自答的结果"昭告天下"，而只要定期写、定期看、定期回顾，就不会半途而废，能将这些问答镌刻于心。

不过，本书中有些问题光靠自己苦思冥想是很难得出答案的。如果遇上这种问题，就不要一个人闭门造车，可以问问其他人的意见。

自问自答虽很重要，但一个人的力量毕竟有限。这种时候，可以找一个信得过的人，比如家人、朋友、同事或上司，借助他人的力量一起寻找答案。

后　记

235

当然，不一定非得求助于人，你也可以从书籍中找寻灵感。

不只是实用类书籍，可以的话，我建议你读一读文学、哲学或者历史类的书。一些门槛稍高、耐人寻味的书往往会成为一个人的良师益友。

我猜，本书的读者朋友们大多正处于奋斗的年纪。

那么，大家的烦恼和痛苦应该多是和工作有关。

想必很多人终日为了做出成绩、多挣些钱而苦恼不堪，每天被那些不尽如人意的数据牵动着神经。

但是，工作的本质并非仅仅为了做出成果或是拿下漂亮的数据。这些固然也很重要，但只不过是眼前利益。如果为其所困，最终很容易陷入痛苦的旋涡。

那么，什么才是工作真正的意义呢？

我想，那就是**磨砺自己，奉献社会**。

通过劳动来提升人的品格才是工作真正的意义所在。如果能毫不动摇地贯彻到底，那么获得漂亮的成绩和数据就是水到渠成的事。

或许你会觉得我说的过于理想化，但还是希望你能认真想想这个问题。

这样，你的工作方式一定会发生改变。只要改变了工作方式，之前求而不得的东西也会变得手到擒来。

如果能像这样以坚定的信念对待工作，便会领悟到脚踏实地的工作方法，而不会时刻被数据和结果牵动神经。

另外，当今社会的人们渐渐不再把工作当成活着的唯一价值了。

与过去不同，现如今，长时间劳动未必能促进工作的发展。不论多么重视工作，将家人和个人生活完全抛诸脑后的工作方式都是极其不可取的。

工作中会接二连三地遇到烦心事。在获得充实感和成就感的同时，你也会时常觉得"痛苦不堪""很想逃避"。即便是我这个工作狂，也会时不时冒出这样的念头。

就我而言，之所以能做到永不放弃、奋斗到底，多亏了我的家人。毫不夸张地说，正因为有他们陪在我身边，我才能拼命提升自己。

即使遇到麻烦，只要有想守护的东西，人也会变得强大。可见，对家庭的珍视是促进自我成长、收获幸福的宝贵动力。

后 记
———————

因此，我希望你在努力工作的同时也要重视家庭。或许你忙得分身乏术，抽不出太多时间来陪伴家人，只要你足够用心，他们就一定能体会到这份心意。毕竟，血浓于水的亲情永远不会消失。

只有让工作和生活齐头并进，人生才能向着幸福一往无前。

佐佐木常夫